氣液壓工程(第三版)

黃欽正　編著

 全華圖書股份有限公司

序　言

　　氣液壓工程在產業自動化中，屬於低成本自動化的領域，對於省力化、少人化的自動生產系統，扮演著極重要且基本的角色；氣液壓工程也是踏入自動化領域的入門技術，學習氣液壓工程相關的控制技術之後，更有助於探索其他的自動控制技術。

　　編者有幸將十多年來，在工廠及學校接觸氣液壓的學習經驗與心得，期望透過本書簡單扼要的內容，對有意跨入氣液壓領域的讀者們，提供淺顯易懂的一本入門書，本書的特色包括：

1. 簡單扼要介紹常用的氣液壓元件，另於書末詳列查詢相關氣液壓元件的網址，方便讀者自行上網瀏覽查看。
2. 加強氣液壓及電氣控制的實例，詳列更多控制迴路，方便讀者在實作時之參考。
3. 所有氣液壓及電氣控制迴路均可電腦動態模擬，方便學習。
　　(可使用 PneusimPro Automation Studio 軟體)

　　在氣液壓的未來發展中，由於自動化的需求程度愈來愈高，生產製造的精密度要求愈來愈高，製程控制的彈性與多變性愈來愈大，氣液壓的發展深受這些因素影響，氣液壓未來的主要發展包括：

1. 氣液壓元件機電整合化

   配合氣液壓系統大量使用電氣、電子控制,元件將朝向機電整合化。

2. 氣液壓元件精密小巧化

   配合高精密機械的需求及微機械技術的開發,元件將更精密及小巧。

3. 元件及迴路設計電腦化

   使用電腦輔助設計軟體,可以發揮即時驗證,達到快捷準確的要求。

4. 氣液壓系統控制網路化

   編者提供下列電子郵件信箱,

   E-mail:hcjauto@mail.fit.edu.tw

   hcjauto@gmail.com

　　希望能夠分享讀者們的閱讀心得及指正編輯時疏漏的錯誤,尚祈　氣液壓相關產學各界先進及同好不吝賜教。

　　最後,特別感謝全華編輯部邱主任、田小姐及支援軟體的高金海先生,並爲本書得以完成,向費盡心力的所有人員,致上由衷的謝意。

黃欽正　謹識

編輯部序

　　「系統編輯」是我們的編輯方針，我們所提供給您的，絕不只是一本書，而是關於這門學問的所有知識，它們由淺入深，循序漸進。

　　依循本書章節順序閱讀，並配合範例實作，您將會認識氣液壓之理論、控制方法及元件功能，進而設計控制迴路，達成運用氣液壓迴路完成自動化控制的目標。本書編排淺顯易懂，有別於目前一般市售的書本內容過多且艱深，作者希望能藉此簡單扼要的內容，讓讀者對氣液壓工程更加瞭解，即使您是初學者亦能輕鬆入門，是一本值得推薦的好書籍。

　　本書適用於機械工程系科、自動化工程系科及機電工程系科之「氣液壓學」或「氣液壓學與實驗」課程使用，也可以是氣壓乙/丙級檢定筆試的參考用書。

　　同時，為了使您能有系統且循序漸進研習相關方面的叢書，我們以流程圖方式，列出各有關圖書的閱讀順序，以減少您研習此門學問的摸索時間，並能對這門學問有完整的知識。若您在這方面有任何問題，歡迎來函連繫，我們將竭誠為您服務。

相關叢書介紹

書號：05443
書名：油壓基礎技術
日譯：歐陽渭城
20K/312 頁/290 元

書號：0183302
書名：氣壓工程學(修訂二版)
編著：呂淮熏.郭興家.蘇寶林
20K/512 頁/350 元

書號：05413006
書名：氣液壓學實習(附實習手冊)
編著：陳　靖
16K/240 頁/500 元

書號：0079303
書名：實用氣壓學(第四版)
編著：許松培
20K/272 頁/250 元

書號：05898027
書名：氣壓迴路設計經典(第三版)(附範例光碟)
編著：傅根棻
16K/512 頁/480 元

CHWA TECHNOLOGY

PneusimPro Automation Studio 軟體正式版之使用者

若您使用上有任何問題，請洽：

全傑科技股份有限公司

(104) 台北市建國北路一段 67 巷 5 號 1 樓

電話：(02)2507-8298　　傳真：(02)2507-8303

E-mail：softhome@ms1.hinet.net

http：//www.softtech.com.tw

目　錄

緒　論

　　在機械工程的領域中，一般動力傳送的方式包括齒輪、鏈條、皮帶、氣液壓，齒輪式動力傳送直接且有效率，但構造較複雜、不適合長距離傳送；鏈條式、皮帶式動力傳送效率不及齒輪式、長距離傳送不及氣液壓經濟；雖然氣液壓系統有能量轉換損失、效率不及齒輪式，若需長距離動力傳送時，在考慮整體經濟效益及控制技術難度，仍以氣液壓為最佳選擇。

　　氣壓工程、液壓工程屬於低成本自動化(Low Cost Automation)的領域，氣液壓工程在各製造業中應用日益廣泛，氣壓工程主要應用於自動進料退料系統、包裝機械、塑膠射出機、IC插件機、輸水幹管閥門操作、輪胎拆裝，液壓工程主要應用於油壓壓床、折床等金屬加工機械、飛機起落架及機翼操控、汽車的煞車及懸吊系統、怪手及推土機等營建機械、塑膠射出機、金屬壓鑄機、鍛造機械等，若以出力大小來區分氣液壓，氣壓工程一般出力在 3000 kgf 以下、液壓工程的出力則在 3000 kgf 以上。

　　隨著國內產業升級的發展及基層勞動人力嚴重不足的情形下，對於省力化、少人化的系統需求更顯殷切，氣液壓工程在產業自動化中，將扮演著更重要且基本的角色；氣液壓工程也是踏入自動化領域的入門技術，學習氣液壓工程相關的控制技術之後，更有助於探索其他的自動控制技術，氣液壓工程若配合適當的機構及電動機控制，即是機電整合(Mechatronics)。

註：Mechatronic 一字係將 Mechanic(機械)與 Electronic(電子／電機)二字截頭去尾的合成字。

1.1　氣液壓定義

　　氣壓學(Pneumatics)：利用壓縮空氣的壓力能達到作功的一種控制技術或學問。

　　液壓學(Hydraulics)：利用液壓泵加壓液體媒介，傳遞壓力能並作功的一種控制技術或學問。

　　氣液壓系統即是將氣液壓能透過氣液壓致動器轉成機械能而作功的系統。由氣液壓的基本定義可知，其工作原理可表示成如圖1.1：

圖 1.1　氣液壓系統工作原理流程圖

1.2　氣壓液壓系統特性

　　氣壓系統及液壓系統兩者的工作原理是相同的，兩者系統特性的主要差異乃源自於工作媒介的不同，有關氣液壓系統特性差異的比較，請見表 1.1。

表 1.1　氣液壓系統特性比較

系統特性	氣壓	液壓
工作媒介及要求	乾燥乾淨壓縮空氣 需空氣調理、潤滑 空氣對溫度變化不敏感	一般用 R-68 液壓油 需調壓、免潤滑 油黏度對溫度變化敏感
工作壓力及出力	一般 $2\sim10$ kgf/cm^2 常用 7 kgf/cm^{2}出力較小	一般 $20\sim140$ kgf/cm^2 可高達 350 kgf/cm^{2}出力大
設備成本及維修	元件便宜成本低 安裝維修較簡單	元件昂貴成本高 安裝維修難度高
運動速度 及穩定性	一般 $5\sim100$cm/sec 空氣具壓縮性 慢速不宜、穩定性差	一般 $1\sim30$cm/sec 液壓油具不可壓縮性 可慢速定位、穩定性佳
工作環境及安全	排氣不回收、噪音大 空氣乾淨無污染 無著火的危險	液壓油需回收、噪音較小 液壓油洩漏有污染 有著火的危險

氣液壓系統與電動機系統特性比較

1. 優點：

(1) 透過壓力調整極易控制氣液壓系統的出力。

(2) 透過流量調整極易控制氣液壓系統的速度。

(3) 可直接產生直線運動，迴轉運動時正反轉性極佳。

(4) 配合安全裝置可避免過載危險。

(5) 防爆性佳，特別適用於生產石化原料工廠的現場操作。

2. 缺點：

(1) 氣液壓管線安裝較電氣配線繁雜、遠距離控制較不經濟。

(2) 氣液壓管壁摩擦壓損、管線接頭洩漏等造成能量損失大。

(3) 氣壓系統排氣噪音大、液壓系統有油污染及著火之虞。

3. 建議：

　　善加利用氣液壓系統安全、出力易調控的優點，並結合電氣控制迴路的簡便，進而搭配可程式控制器(Programmable Logic Controller)、電腦進行程式編輯，即能充分發揮氣液壓工程的功能。

1.3　壓力與真空

壓力(Pressure)的定義：

$$P = \frac{F}{A}$$

其中F爲外力，單位用 kgf；A爲受力面積，單位用 cm^2。

　　如外力的單位用N(牛頓)，則壓力的單位要用bar或MPa。

　　常用的壓力表示法有二：絕對壓力及相對壓力，其定義如下：

　　　　絕對壓力：以絕對眞空爲計測零點的壓力表示法

　　　　相對壓力：以大氣壓力爲計測零點的壓力表示法

　　一般壓力錶所量得的壓力即是指相對壓力，所以相對壓力又稱錶壓力。

　　絕對壓力、相對壓力及眞空之間的定量關係，可寫成如下列方程式：

　　　　相對壓力(錶壓力)＝絕對壓力－大氣壓力

　　　　絕對壓力＝相對壓力(錶壓力)＋大氣壓力

　　　　眞空：相對壓力(錶壓力)＜0(負壓)

　　　　　　　絕對壓力＜大氣壓力

　　　　絕對眞空：絕對壓力＝0

　　　　眞空度＝大氣壓力－絕對壓力

　　絕對壓力、相對壓力及眞空三者之間的關係，亦請參見圖1.2，當更明瞭。

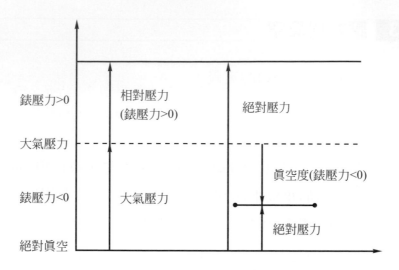

圖 1.2　絕對壓力、相對壓力及真空的關係圖

　　工程上常用的壓力單位包括atm、bar、kgf/cm^2、lbf/in^2、Torr、N/m^2、Pa等，各種壓力單位之間的換算，請參見表1.2。

表 1.2　壓力單位換算表

標準氣壓 (atm)	巴 (bar)	公制 (kgf/cm^2)	英制 (Psi=lbf/in^2)	毫米汞柱 (mmHg=Torr)
1	1.013	1.033	14.696	760
0.987	1	1.0197	14.5038	750.06
0.968	0.980665	1	14.2233	735.56
0.680	0.689476	0.70307	10	517.15
0.13158	0.13332	0.13595	1.9337	100

1 bar = 1000 mbar(毫巴)= 10^5 N/m^2= 10^5 Pa = 0.1 MPa = 1.02 kgf/cm^2

1atm = 1.013bar = 1.013×10^5 Pa = 1013×10^2 Pa = 1013 百帕(hPa 氣象常用單位)
　　　= 1.013×1.0197 = 1.033 kgf/cm^2

1.4 空氣及濕度

在氣壓工程中，因工作媒介爲具可壓縮性的空氣，因此在衡量空氣使用量時，需要一個基準，即是以正常狀態空氣所具有的體積作爲衡量基準，其定義如下：

正常(normal)狀態空氣——溫度：0℃，絕對壓力：760 mmHg，乾燥狀態。

正常狀態空氣體積單位加註"N"，寫成 Nm^3、Ncm^3、Nl (Liter)。

實用上，因爲空氣溫度變化有限及濕度對空氣體積影響不大，所以正常狀態空氣就依據大氣溫度及大氣壓力的環境條件下，作爲衡量的基準。

若要計算氣壓系統的空氣使用量，可考慮理想氣體方程式(查理定律)：

$$\frac{P_1 V_1}{T_1} = \frac{P_2 V_2}{T_2}$$

其中　　　P_1爲大氣壓力，P_2爲壓縮氣體壓力，均爲絕對壓力，單位用 kgf/cm^2；

T_1爲大氣溫度，T_2爲壓縮氣體溫度，均爲絕對溫度，單位用°K；

V_1爲正常狀態空氣體積，單位用 Nm^3、Nl、Ncm^3；

V_2爲壓縮氣體體積，單位用 m^3、liter、cm^3。

　　利用理想氣體方程式及測得相關的壓力、溫度數據，代入下式：

$$\frac{V_1}{V_2} = \frac{P_2}{P_1}\frac{T_1}{T_2}$$

即可求出正常狀態空氣體積V_1與壓縮氣體體積V_2的關係。

例如：

　　$P_1 = 1\text{atm} = 1.033 \text{ kgf/cm}^2$，壓縮氣體壓力$P_2 = 6 \text{ kgf/cm}^2$，均為絕對壓力

　　大氣溫度$T_1 = 27°\text{C} = 27 + 273 = 300°\text{K}$

　　壓縮氣體溫度$T_2 = 37°\text{C} = 37 + 273 = 310°\text{K}$

　　將上述條件代入理想氣體方程式：

$$\frac{V_1}{V_2} = \frac{P_2}{P_1}\frac{T_1}{T_2} = \frac{6 \times 300}{1.033 \times 310} = 5.62 = \varepsilon$$

即可求得正常狀態空氣體積V_1與壓縮氣體體積V_2的體積比ε為5.62。如果再忽略溫度變化的影響，即$T_1 \doteq T_2$，

$$\frac{V_1}{V_2} = \frac{P_2}{P_1}\frac{T_1}{T_2} = \frac{P_2}{P_1} = \frac{6}{1.033} = 5.81$$

另例(97乙級學科題目)

$P_1 = 1\text{atm} = 1.033 \text{ kgf/cm}^2$，壓縮氣體錶壓力$P_2 = 5 \text{ kgf/cm}^2$，故絕對壓力$P_2 = 6.033 \text{ kgf/cm}^2$

$P_2 = 6.033 \text{ kgf/cm}^2$，壓縮氣體體積$V_2 = 200 \text{ } \ell/分$

求正常狀態空氣體積$V_1 = 200\varepsilon = 200 \times 6.033/1.033 = 1168 \text{ N}\ell/分$

　　若要計算氣壓系統中空氣的水蒸汽含量，方便選用適當的除水設備，就要考慮到空氣的濕度，其基本定義如下：

　　絕對濕度：特定溫度時，一立方公尺正常狀態空氣中所含水蒸汽的量 g/Nm^3，計算式如下：

絕對濕度g/Nm^3＝相對濕度％(濕度計測得)×飽和含水蒸汽量(查得)

　　如 10℃時飽和含水蒸汽量為 9 g/Nm^3，20℃時飽和含水蒸汽量為 17 g/Nm^3，30℃時飽和含水蒸汽量為 30 g/Nm^3，35℃時飽和含水蒸汽量為 38 g/Nm^3。

　　例如：20℃時，測得相對濕度為 90％，

　　　　絕對濕度＝ 90％×17 g/Nm^3＝ 15.3 g/Nm^3

　　例如：30℃時，測得相對濕度為 70％，

　　　　絕對濕度＝ 70％×30 g/Nm^3＝ 21 g/Nm^3

　　計算得出之絕對濕度，將作為空氣調理時，選用空氣乾燥機及凝結水排放設備的依據。相關計算範例於 1-8 節中介紹。

1.5　氣壓缸出力及空氣消費量

氣壓缸的規格

　　不同的氣壓缸製造商會有不盡相同的產品型號代碼，但主要規格一定有：系列型號——缸徑D mm——行程S mm……，在計算時，缸徑D及行程S的單位均需換成 cm，才能適當配合壓力單位計算。

　　一般氣壓缸的構造及規格，請見圖 1.3。

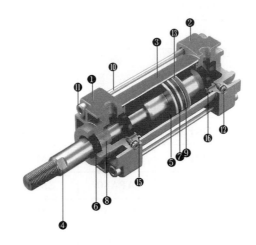

零件表：

NO.	名稱	材質	數量
❶	前蓋	鋁合金烤漆處理	1
❷	後蓋	鋁合金烤漆處理	1
❸	缸管	進口鋁合金硬質陽極處理	1
❹	活塞桿	中碳鋼表面硬鉻處理	1
❺	活塞	鋁合金	1
❻	前蓋油封	NBR 矽橡膠	1
❼	活塞油封	NBR 矽橡膠	1
❽	軸承	免潤滑軸承	1
❾	磁鐵	異方性橡膠磁鐵	1
❿	拉緊桿	碳鋼	4
⓫	拉緊螺帽	碳鋼	8
⓬	緩衝螺絲	碳鋼	2
⓭	耐磨環	TEFLON 氟素樹脂	1

圖 1.3　氣壓缸的構造及規格

油封一覽表：

名稱 缸徑	❻ 前蓋油封	❼ 活塞環	⓯ 前後蓋密合環	⓰ 緩衝環
$\phi 40$	DRP16	APA40	SM36×2	DF20×2
$\phi 50$	DRP20	APA50	SM46×2	DF25×2
$\phi 63$	DRP20	APA63	SM60×2	DF25×2
$\phi 80$	DRP25	APA80	SM75×2	DF35×2
$\phi 100$	DRP25	APA100	SM95×2	DF35×2
$\phi 125$	DRP35	APA125	G120	DF50×2
$\phi 150$	DRP35	APA150	G150	DF50×2

圖 1.3　氣壓缸的構造及規格(續)

【資料來源】CHELIC 氣立可氣壓缸(台灣氣立股份有限公司)

1.5-1 氣壓缸出力計算

　　氣液壓系統如果要選用適當的氣液壓缸時，要先估算氣液壓缸的出力，再與系統需求的出力相比較，才能作為選用氣液壓缸的依據，以下詳細說明氣壓缸出力的計算方法。

　　若使用雙動氣壓缸，參見下圖：

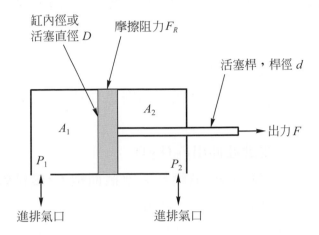

依據上圖，可得：

$$F = P_1 \times A_1 - P_2 \times A_2 - F'_R$$

氣壓缸伸出時活塞截面積A_1：

$$A_1 = \frac{\pi}{4} D^2$$

氣壓缸收回時活塞截面積A_2：

$$A_2 = \frac{\pi}{4} (D^2 - d^2)$$

其中D為活塞直徑或缸徑；d為活塞桿直徑，單位均用 cm。在氣壓的情形下，錶壓力$P = P_1 - P_2$，假設$A_1 \doteqdot A_2$，先不考慮摩擦阻力時，則出力可以簡化成：

氣壓缸出力F(kgf)

$=$錶壓力P(kgf/cm^2)$\times$氣壓缸活塞截面積A_n(cm^2)

　　若考慮摩擦阻力時，需乘上機械效益η ($\eta <$ 100 %)，則修正爲：

　　　　雙動缸出力$F(\mathrm{kgf})$

　　＝錶壓力$P \times$氣壓缸活塞截面積$A_n \times$機械效益η

即

　　　　雙動缸伸出$F_{出}(\mathrm{kgf})$

　　＝錶壓力$P \times$氣壓缸活塞截面積$A_1 \times$機械效益η

　　　　雙動缸退回$F_{回}(\mathrm{kgf})$

　　＝錶壓力$P \times$氣壓缸活塞截面積$A_2 \times$機械效益η

　　若使用單動氣壓缸，因需克服復位彈簧之變形力$F_S(\mathrm{kgf})$，參見下圖：

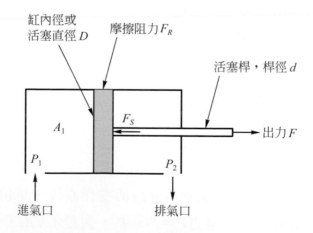

單動缸出力要修正如下：

　　單動缸出力$F(\mathrm{kgf})$
　　＝錶壓力P×氣壓缸活塞截面積A_1×機械效益η
　　　－復位彈簧之變形力F_s

因單動氣壓缸僅由一端進氣，不用計算退回時的出力。

　　若考慮以摩擦阻力係數f表示機械效益η，則改為：

　　$\eta = 1 - f$

現行市售氣液壓缸的摩擦阻力係數f均在0.1以下，即機械效益η皆可達90%以上。

　　液壓缸的出力計算與氣壓缸大致相同，表示成：

$$F_{出} = P_1 \times A_1 - P_2 \times A_2 - F_R$$
$$= (P_1 \times A_1 - P_2 \times A_2) \times (1 - f)$$

但需注意的是液壓缸的背壓較大，P_1、P_2在操作中需分別由壓力計同時測得，簡化計算時，假設$A_1 \fallingdotseq A_2$，

$$F_{出} = (P_1 - P_2) \times A_1 \times (1 - f)$$

計算得到的最大出力是指行程末端的出力而言。

　　另有關液壓馬達的輸出扭矩M及輸入流量Q_t的計算，可表示成：

$$M = \frac{PQ}{2\pi} \eta_m (\mathrm{kgf \cdot cm})$$

$$Q_t = \frac{nQ}{\eta_v} \ (\text{cm}^3/\text{min})$$

其中　　　η_m爲液壓馬達的扭矩效率；

　　　　　η_v爲液壓馬達的容積效率；

　　　　　Q爲液壓馬達的排出量，單位用 cm^3/rev；

　　　　　P爲液壓馬達的輸入壓力，單位用 kgf/cm^2；

　　　　　n爲液壓馬達的輸出轉速，單位用 $\text{rpm}(\text{rev}/\text{min})$。

相關計算範例於 1-8 節中介紹。

1.5-2 空氣消費量計算

　　氣壓系統選用適當的空氣壓縮機及空氣調理設備時，要先估算各氣壓缸的空氣消費量，再加總計算出系統的空氣消費量，作爲選用設備的依據，以下詳細說明氣壓缸空氣消費量的計算方法。

　　若使用單動氣壓缸，參見下圖：

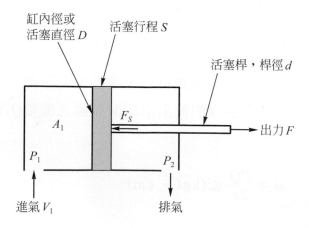

氣壓缸每伸出一次需使用高壓空氣體積為V_1(cm³)，

$$V_1 = A_1 \times S$$

其中A_1為氣壓缸伸出時活塞截面積，單位用 cm²；氣壓缸每分鐘往返n次，需使用高壓空氣消費量為nV_1(cm³/min)，在此定義正常狀態空氣與高壓空氣的體積壓縮比為ε，則正常狀態空氣的消費量Q與高壓空氣消費量nV_1，兩者的關係為：

$$Q = V_1 \times n \times \varepsilon$$

因此單動氣壓缸空氣消費量Q(Ncm³/min)可寫成：

$$Q = A_1 \times S \times n \times \varepsilon$$

$$\varepsilon = \frac{P + 1.033}{1.033}$$

其中　　A_1為氣壓缸伸出時活塞截面積，單位用 cm²；

　　　　S為氣壓缸行程(stroke)，單位用 cm；

　　　　n為氣壓缸每分鐘往復的次數，單位用次／min；

　　　　P為氣壓缸工作壓力(錶壓力)，單位用 kgf/cm²。

若P(錶壓力)單位用 bar，則體積壓縮比ε改寫成：

$$\varepsilon = \frac{P + 1.013}{1.013}$$

因為 1atm = 1.013bar = 1.033 kgf/cm²之故。

至於雙動氣壓缸每伸出一次需使用高壓空氣體積為V_1(cm³)，

$$V_1 = A_1 \times S$$

　　雙動氣壓缸每退回一次需使用高壓空氣體積爲$V_2(\text{cm}^3)$，其中A_2爲氣壓缸收回時活塞截面積，單位用cm^2。

$$V_2 = A_2 \times S$$

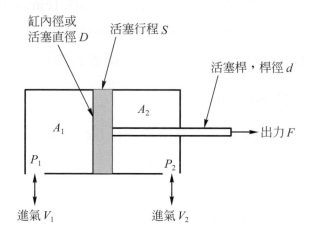

缸內徑或活塞直徑 D
活塞行程 S
活塞桿，桿徑 d
A_2
A_1
出力 F
P_1
P_2
進氣 V_1
進氣 V_2

　　因此雙動氣壓缸空氣消費量$Q(\text{Ncm}^3/\text{min})$可寫成

$$Q_1 = A_1 \times S \times n \times \varepsilon$$

$$Q_2 = A_2 \times S \times n \times \varepsilon$$

$$Q = Q_1 + Q_2$$

$$\varepsilon = \frac{P + 1.033}{1.033}$$

其中　　S爲氣壓缸行程(stroke)，單位用 cm；

　　　　n爲氣壓缸每分鐘往復的次數，單位用次／min；

　　　　P爲氣壓缸工作壓力(錶壓力)，單位用 kgf/cm^2。

另外，自方向控制閥至氣壓缸之間的供氣管及排氣管，其空氣消費量Q_3：

$$Q_3 = A_3 \times L \times n \times \frac{P + 1.033}{1.033}$$

其中　　A_3為氣壓管內通路截面積，單位用 cm^2；

　　　　L為氣壓供氣管及排氣管的長度總和，單位用 cm。

若L不是很長，因管內通路截面積A_3極小，Q_3通常忽略，不計入空氣消費量。

若要考慮液壓系統中液壓油的使用量，因為液壓油需回收使用，所以Q_1及Q_2只要考慮Q_1即可，雙動液壓缸液壓油使用量$Q(cm^3/min)$可表示成：

$$Q = Q_1 + Q_3$$
$$= A_1 \times S \times n + A_3 \times L \times n$$

油管的長度總和L，單位用 cm，即使 L 不是很長，因管內通路截面積A_3較大，Q_3通常要計入使用量，相關計算範例於 1－8 節中介紹。

1.6　空氣壓縮機的選用

空氣壓縮機的主要規格有使用電壓、馬力數、操作壓力、輸出風量等，依生產廠商不同，有不同的機種及型號，一般空氣壓縮機的構造及規格，請參見圖 1.4。

型號	SP114	SVP212	SVP201	SVP202	SVP203	SWP205	SWP310
馬力	1/4HP	1/2HP	1HP	2HP	3HP	5HP	10HP
使用壓力	7 kgf/cm^2						
排氣量	45L/min	70L/min	140L/min	225L/min	355L/min	619L/min	1151L/min
氣筒容量	36Liter	58Liter	85Liter	85Liter	106Liter	155Liter	300Liter
重量	26kg	52kg	58kg	62kg	110kg	168kg	250kg

圖 1.4 空氣壓縮機的構造及規格

【資料來源】SWAN 天鵝牌空壓機(東正鐵工廠股份有限公司)

空氣壓縮機的選用主要依據下式：

$$Q_{compressor} = Q_{actual} \times 1.2 = \Sigma\, Q \times (1 + 20\,\%)$$

因子 20 % 是爲了補償管路洩漏之需

$$P_{compressor} = P_{actual} + 2\mathrm{kgf/cm}^2$$

因子 2 是爲了補償管路壓力損失之需

根據計算得到的 $Q_{compressor}$ 及 $P_{compressor}$，參考廠商提供的壓縮機型錄，即能選定適用的空氣壓縮機；亦可同時作爲選用適當的空氣乾燥機及空氣調理組的依據。

有關液壓泵的選用，也是根據計算得到的 Q_{pump} 及 P_{pump}，表示如下式：

$$Q_{pump} = Q_{actual} \times 1.2 = \Sigma\, Q \times (1 + 20\,\%)$$

因子 20 % 是爲了補償管路洩漏之需

$$P_{pump} = P_{actual} + \Delta P = P_{actual} \times \mathrm{F.S.}$$

因子 ΔP 是爲了補償管路壓力損失之需

液壓系統的壓力損失 ΔP 遠大於氣壓系統，一般 F.S. 可取 1.5，且隨液壓管路的增長及管件的增加，F.S. 尚需依實際情況適當加大，才能避免系統壓力不足之虞。

1.7　氣液壓相關定理

1.　巴斯卡原理(Pascal's Throrem)：

$$力\,F(\mathrm{kgf})＝壓力\,P(\mathrm{kgf/cm^2})\times面積\,A(\mathrm{cm^2})$$

$$P=\frac{F_1}{A_1}=\frac{F_2}{A_2}$$

說明：在密閉容器或管路內，當施加外力，透過液體將壓力
　　　傳遞至密閉容器各點且各點壓力均相等。
　　　氣液壓系統及汽車千斤頂均為本原理的應用，參見圖1.5。

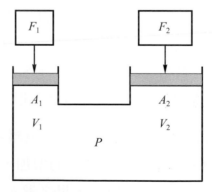

圖 1.5　巴斯卡原理

2. 柏努利定理(Bernoulli's Equation)：

$$\frac{P_1}{\gamma} + Z_1 + \frac{V_1^2}{2g} = \frac{P_2}{\gamma} + Z_2 + \frac{V_2^2}{2g}$$

P 為壓力能項；Z 為位能項；V 為動能項；如果在同一高度時$Z_1 = Z_2$，簡化上式：

$$\frac{P_1}{\gamma} + \frac{V_1^2}{2g} = \frac{P_2}{\gamma} + \frac{V_2^2}{2g}$$

說明：在同一管路內，液體的流速V_2越快，其壓力P_2越低；反之，流速V_1較慢，其壓力P_1較高，參見圖1.6。

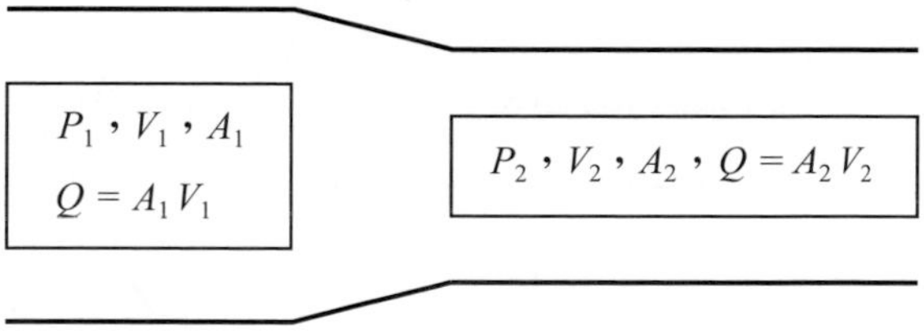

圖1.6 柏努利定理

3. 連續定理：

$$Q = A_1 V_1 = A_2 V_2$$

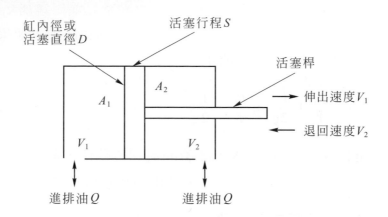

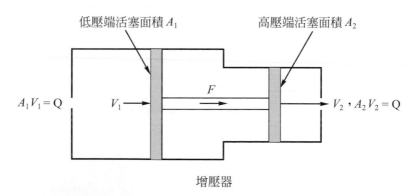

增壓器

說明：在同一管路或容器內，流路截面積A_2越小，其液體的
流速V_2越快；反之，流路截面積A_1越大，其流速V_1越慢。
圖 1.5 及圖 1.6 亦均滿足連續定理。

1.8 計算範例

例一　一空氣壓縮機之蓄氣筒槽，其壓縮空氣輸出量為 0.1m³／分，實驗室溫度為 10℃、相對濕度為 80％，蓄氣筒內溫度保持 20℃、錶壓力保持 6kgf/cm²，若一天使用 4 小時，試計算每天凝結在蓄氣筒內的水份為若干(kg)？
1atm 飽和水蒸汽量：30℃——30g/Nm³、20℃——17g/Nm³
35℃——38g/Nm³、10℃——9g/Nm³

解

利用理想氣體方程式，先求正常狀態空氣體積 V_1：

$$\frac{P_1 V_1}{T_1} = \frac{P_2 V_2}{T_2}$$

$P_1 = 1atm = 1.033kgf/cm^2$，$T_1 = 10℃ = 283\,°K$，$V_1$ 待求

$P_2 = 6 + 1.033 = 7.033kgf/cm^2$

$T_2 = 20℃ = 293°K$

壓縮空氣使用量為

$$V_2 = 0.1m^3／分×60 分／hr×4hr = 24m^3$$

代入理想氣體方程式，求出 $V_1 = 157.823(Nm^3)$

1atm 飽和水蒸汽量：20℃——17g/Nm³、10℃——9g/Nm³

10℃水蒸汽量 m_1＝相對濕度 80％×9g/Nm³＝ 7.2g/Nm³

20℃水蒸汽量 m_2＝ 17g/Nm³÷P_2＝ 2.417g/Nm³(另解)

冷凝水 m＝$(m_1 - m_2)$×V_1＝ 4.783×157.823 ＝ 754.8g

答案　$V_1 = 157.823 \text{Nm}^3$、$m = 754.8\text{g} = 0.755\text{kg}$

【另解】$20℃$水蒸汽量$m_2 = 17\text{g/Nm}^3 \div \varepsilon = 2.497\text{g/Nm}^3$

冷凝水$m = (m_1 - m_2) \times V_1 = 4.703 \times 157.823$

$\qquad = 742.2\text{g} = 0.742\text{kg}$

註：蓄氣筒內為相對濕度 100 %的高壓空氣，尚待乾燥。

例二　一氣壓迴路其操作(錶)壓力為 6kgf/cm^2，氣壓缸之摩擦阻力係數為 0.1，一雙動氣壓缸活塞直徑為 30mm，活塞桿徑為 10mm，行程長度為 200mm，每分鐘 10 行程，試計算此氣壓缸的有效活塞力(kgf)及空氣消費量(Nl／分)為若干？

解

氣壓缸伸出時活塞截面積

$$A_1 = \frac{\pi}{4} D^2 = \frac{\pi}{4} \times (3.0)^2 = 2.25\pi$$

氣壓缸收回時活塞截面積

$$A_2 = \frac{\pi}{4}(D^2 - d^2) = \frac{\pi}{4} \times [(3.0)^2 - (1.0)^2] = 2\pi$$

其中D為活塞直徑或缸徑；d為活塞桿直徑，單位均用 cm。

出力F(kgf)＝錶壓力P×氣壓缸活塞截面積A_i×（$1 - f$）

$F_{出} = 6 \times 2.25\pi \times (1 - 0.1) = 12.15\pi = 38.17\text{kgf}$

$F_{回} = 6 \times 2\pi \times (1 - 0.1) = 10.8\pi = 33.93\text{kgf}$

雙動氣壓缸空氣消費量Q(Ncm³/min)：

$$\varepsilon = \frac{P+1.033}{1.033} = \frac{6+1.033}{1.033} = 6.808$$

$$Q_1 = A_1 \times S \times n \times \varepsilon = 2.25\pi \times 20.0 \times 10 \times 6.808 = 9624.6$$

$$Q_2 = A_2 \times S \times n \times \varepsilon = 2\pi \times 20.0 \times 10 \times 6.808 = 8555.2$$

$$Q = Q_1 + Q_2 = 9624.6 + 8555.2 = 18179.8 \text{Ncm}^3/\text{min}$$

答案 $F_{出} = 38.17\text{kgf}$、$F_{回} = 33.93\text{kgf}$、$Q = 18.18\text{N}l／分$

例三 一氣壓迴路其操作(錶)壓力爲 6kgf/cm²，氣壓缸之摩擦阻力係數爲 0.1，一單動氣壓缸活塞直徑爲 25mm，活塞桿徑爲 10mm，行程長度爲 150mm，每分鐘 15 行程，復位彈簧變形力爲 5kgf ，試計算此氣壓缸的有效活塞力(kgf)及空氣消費量(Nl／分)爲若干？

解

氣壓缸伸出時活塞截面積

$$A_1 = \frac{\pi}{4} D^2 = \frac{\pi}{4} \times (2.5)^2 = 1.5625\pi$$

其中 D 爲活塞直徑或缸徑；單位用 cm。

出力 F(kgf) ＝錶壓力 P×氣壓缸活塞截面積

$$A_1 \times (1-f) - Fs$$

$$F_{出} = 6 \times 1.5625\pi \times (1-0.1) - 5$$

$$= 8.4375\pi - 5 = 26.507 - 5 = 21.507\text{kgf}$$

單動氣壓缸空氣消費量 Q(Ncm³/min)：

$$\varepsilon = \frac{P + 1.033}{1.033} = \frac{6 + 1.033}{1.033} = 6.808$$

$$Q = A_1 \times S \times n \times \varepsilon = 1.5625\pi \times 15.0 \times 15 \times 6.808$$

$$= 7519.2 \quad \text{Ncm}^3/\text{min}$$

答案 $F = 21.5\text{kgf}$、$Q = 7.52\text{N}l / 分$

例四 一油壓迴路其操作(錶)壓力最大為 50kgf/cm^2，油壓缸之摩擦阻力係數為 0.2

(1)一使用油壓缸之加工系統，需出力 600kgf，其所需最適當之油壓缸活塞直徑 D 應為多少(cm 取整數)？

(2)若使用油壓缸之活塞直徑為 60mm，需出力 1000kgf，則所需之操作壓力應為多少(kgf/cm^2取整數)？

解

系統最大錶壓力$P = 50\text{kgf/cm}^2$，摩擦阻力係數$f = 0.2$。

(1)出力$F(\text{kgf}) = 錶壓力P \times 油壓缸活塞截面積A_1 \times (1 - f)$

$$F_{出} = 600\text{kgf} = 50 \times A_1 \times (1 - 0.2)$$

活塞截面積

$$A_1 = 15 = \frac{\pi}{4} D^2$$

$$D^2 = 19.0986 \Rightarrow D = 4.37$$

D 為活塞直徑或缸徑；單位用 cm。

答案 $D = 4.37\text{cm}$，選用 45mm 或 50mm 活塞直徑的油壓缸

(2)出力$F(kgf)＝$錶壓力$P×$油壓缸活塞截面積$A_1×(1－f)$

活塞截面積：

$$A_1＝\frac{\pi}{4}D^2＝\frac{\pi}{4}(6.0)^2＝9\pi$$

$$F_出＝1000kgf＝P×9\pi×(1－0.2)$$

$$P＝44.2$$

答案 $P＝44.2kgf/cm^2$，選用操作壓力爲$45kgf/cm^2$

例五 一油壓馬達其輸入壓力P最大爲 $140kgf/cm^2$，排出量Q爲
$100cm^3/rev$；扭矩效率η_m爲0.8，容積效率η_v爲0.9。

(1)使用本油壓馬達之系統，可輸出最大扭矩M應爲多少
$(kgf・cm)$？

(2)若需輸出扭矩M爲$1500kgf・cm$，則所需之輸入壓力P
應爲多少(kgf/cm^2)？

(3)使用本油壓馬達之系統，若需輸出轉速n爲$900rpm$，則
所需之輸入流量Q_r應爲多少(cm^3/min)？

(4)若輸入流量Q_r爲$120000cm^3/min$，則輸出轉速n應爲多
少(rpm)？

解

最大輸入壓力$P＝$ $140kgf/cm^2$，排出量Q爲 $100cm^3/rev$；
油壓馬達的扭矩效率η_m爲0.8，容積效率η_v爲0.9。

(1)最大扭矩

$$M = \frac{PQ}{2\pi}\eta_m = \frac{140 \times 100}{2\pi} \cdot 0.8 = 1783(\text{kgf} \cdot \text{cm})$$

(2)$M = \frac{PQ}{2\pi}\eta_m = \frac{P \times 100}{2\pi} \cdot 0.8 = 1500(\text{kgf} \cdot \text{cm})$

輸入壓力$P = 117.8\text{kgf/cm}^2$

(3)輸入流量

$$Q_t = \frac{nQ}{\eta_v} = \frac{900 \times 100}{0.9} = 100000(\text{cm}^3/\text{min})$$

$$= 100(\text{liter/min})$$

(4)$Q_t = \frac{nQ}{\eta_v} = \frac{n \times 100}{0.9} = 120000$

輸出轉速$n = 1080\text{rpm}$

習題一

一空氣壓縮機之蓄氣筒其壓縮空氣輸出量爲 0.5m³／分，實驗室溫度爲 20℃、相對濕度爲 80 %，蓄氣筒內溫度保持 30℃、錶壓力保持 7kgf/cm²，試計算每小時凝結在蓄氣筒內的水份爲若干(kg)？

答案 $V_1 = 225.6\text{Nm}^3/\text{hr}$、$m = 2226\text{g} = 2.226\text{kg}$

1atm飽和水蒸汽量：30℃——30g/Nm³、20℃——17g/Nm³

35℃——38g/Nm³、10℃——9g/Nm³

習題二

一氣壓迴路其操作(錶)壓力為 7kgf/cm²，氣壓缸之摩擦阻力係數為 0.2。

(1) 一雙動氣壓缸活塞直徑為 25mm，活塞桿徑為 10mm，行程長度為 150mm，每分鐘 15 行程，試計算此氣壓缸的有效活塞力(kgf)及空氣消費量(Nl／分)？

答案　$F_{出} = 27.5\text{kgf}$、$F_{回} = 23.1\text{kgf}$、$Q = 15.803\text{N}l$／分

(2) 一單動氣壓缸活塞直徑為 20mm，活塞桿徑為 10mm，行程長度為 100mm，每分鐘 10 行程，復位彈簧變形力為 6kgf，試計算此氣壓缸的有效活塞力(kgf)及空氣消費量(Nl／分)？

答案　$F = 11.6\text{kgf}$、$Q = 2.443\text{N}l$／分

習題三

一氣壓迴路其操作(錶)壓力為 7kgf/cm²，氣壓缸之摩擦阻力係數f為 0.2，一雙動氣壓缸活塞直徑D為 30mm，活塞桿徑d為 10mm，行程長度S為 150mm，每分鐘 10 行程，試計算此氣壓缸的有效活塞力$F_{出}$、$F_{回}$(kgf)及空氣消費量Q(Nl／分)？

答案　$F_{出} = 39.584\text{kgf}$、$F_{回} = 35.186\text{kgf}$
$Q = 15.574\text{N}l$／分

習題四

　　一油壓迴路其操作(錶)壓力最大為 100kgf/cm^2，油壓缸之摩擦阻力係數 f 為 0.1。

(1)　一使用油壓缸之加工系統，需出力 1000kgf，其所需最適當之油壓缸活塞直徑 D 應為多少(cm 取整數)？

答案　$D = 3.76\text{cm}$，選用 40mm 活塞直徑的油壓缸

(2)　若使用油壓缸之活塞直徑為 50mm，需出力 1500kgf，則所需之操作壓力應為多少(kgf/cm^2取整數)？

答案　$P = 84.9\text{kgf/cm}^2$，選用操作壓力為 85kgf/cm^2

習題五

　　一油壓馬達其輸入壓力 P 最大為 140kgf/cm^2，排出量 Q 為 $60\text{cm}^3/\text{rev}$；扭矩效率 η_m 為 0.85，容積效率 η_v 為 0.95。

(1)　使用本油壓馬達之系統，可輸出最大扭矩 M 應為多少($\text{kgf} \cdot \text{cm}$)？

(2)　若需輸出扭矩 M 為 $1000\text{kgf} \cdot \text{cm}$，則所需之輸入壓力 P 應為多少($\text{kgf/cm}^2$)？

(3)　使用本油壓馬達之系統，若需輸出轉速 n 為 600rpm，則所需之輸入流量 Q_t 應為多少(cm^3/min)？

(4)　若輸入流量 Q_t 為 $60000\text{cm}^3/\text{min}$，則輸出轉速 n 應為多少(rpm)？

答案　最大輸入壓力 $P = 140\text{kgf/cm}^2$，排出量 Q 為 $60\text{cm}^3/\text{rev}$；油壓馬達的扭矩效率 η_m 為 0.85，容積效率 η_v 為 0.95。

(1)最大扭矩

$$M = \frac{PQ}{2\pi} \eta_m = 1136 (\text{kgf} \cdot \text{cm})$$

(2)輸入壓力 $P = 123.2 \text{kgf/cm}^2$

(3)輸入流量

$$Q_t = \frac{nQ}{\eta_v} = 37895 (\text{cm}^3/\text{min}) = 37.9 (\text{liter/min})$$

(4)輸出轉速 $n = 950 \text{rpm}$

● 第一章重點複習(review)

1.1

    1.　氣液壓系統的工作原理

1.2

    2.　氣液壓系統的特性

1.3

    3.　絕對壓力、相對壓力及眞空三者之間的關係

    4.　工程上常用壓力單位之間的換算

1.4

    5.　正常狀態空氣與理想氣體方程式(查理定律)

    6.　絕對濕度、相對濕度及飽和含水蒸汽量之間的關係

1.5 & 1.8

    7.　氣液壓缸出力 F 的計算

    8.　液壓馬達的輸出扭矩 M 及輸入流量 Q_i 的計算

    9.　氣壓缸之正常狀態空氣的消費量 Q 的計算

1.6

    10.　空氣壓縮機及液壓泵的選用

1.7

    11.　巴斯卡原理、柏努利定理及連續定理

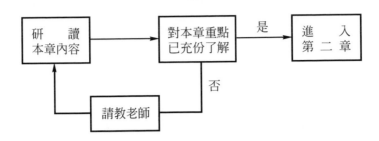

氣液壓元件

　　在氣液壓的系統中，各種元件扮演不同的角色，但氣液壓的工作原理是相同的，許多氣壓元件與液壓元件，除了耐壓強度及部份材料材質(視工作媒介而定)不同外，它們的基本構造及用法是一樣的；要瞭解氣液壓工程，需先熟悉各種元件的功能及用法，才能正確使用並發揮最大的效益。

　　要瞭解氣液壓元件的功能及規格，除了從一般的廠商產品型錄查詢之外，現在更可經由電腦網際網路，進入廠商它們的公司網頁取得產品型錄，或是透過(台灣區流體傳動工業同業公會)Taiwan Fluid Power Association (TFPA)建置之全球資訊網站，網址：www.tfpa.org.tw，取得氣液壓產品的資訊。

2.1 元件分類

依據氣液壓工作原理：

可得到氣液壓架構如圖 2.1：

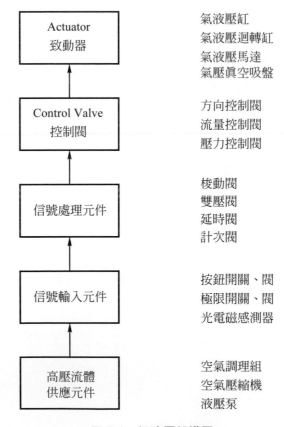

圖 2.1　氣液壓架構圖

　　氣壓元件依據系統架構圖可分類如表 2.1；液壓元件依據系統架構圖可分類如表 2.2。

表 2.1　氣壓元件分類

1. 供氣元件 (動力單元)	空氣壓縮機	位移式壓縮機	往復式壓縮機 迴轉式壓縮機 螺旋式壓縮機
		氣流式壓縮機	徑流式壓縮機 軸流式壓縮機
	空氣乾燥機	冷凍式乾燥機(一般工廠多採用) 吸附式乾燥機	
	空氣調理組	空氣濾清器 調壓閥(壓力調節器) 潤滑器	
	配氣塊附開關閥		
2. 控制閥	方向控制閥	單向閥	止回閥、速排閥
		換向閥	2/2 方向閥 3/2、3/3 方向閥 4/2、4/3 方向閥 5/2、5/3 方向閥
	流量控制閥	節流閥	雙向速度控制閥 單向速度控制閥
		快速排氣閥	
	壓力控制閥	調壓閥(壓力調節器) 限壓閥(放洩閥) 順序閥(利用壓力信號達到順序控制)	

表 2.1 氣壓元件分類(續)

2.控制閥	訊號處理閥	梭動閥(OR 閥) 雙壓閥(AND 閥) 延時閥	
3.致動器	氣壓缸(線性運動)	單動氣缸 3/2 方向閥控制	
		雙動氣缸 5/2、5/3 方向閥控制	單桿(標準)雙動缸 無桿雙動缸 雙桿雙動缸 氣壓夾爪
	搖擺氣缸(搖擺運動)	齒輪式搖擺缸(90°，180°或 270°) 輪葉式搖擺缸(任意角度可調)	
	氣壓馬達(旋轉運動)	活塞馬達、齒輪馬達、輪葉馬達 氣流(輪機)馬達	
	眞空發生器	搭配眞空吸盤	
4.其它元件	感測器(sensor)	微動開關‧近接開關、磁簧開關 光電開關、壓力開關、訊號處理閥	
	換能器(transducer)	氣電轉換器 氣液增壓器	

表 2.2　液壓元件分類

1. 供油元件 (動力單元)	液(油)壓泵	齒輪泵(壓力達 140～175kgf/cm²，平均效率最低，約 0.65) 螺旋泵(壓力達 175～210kgf/cm²且運轉平順噪音低) 輪葉泵(壓力達 70～140kgf/cm²，平均效率約 0.75) 活塞泵(壓力高達 200～350kgf/cm²，平均效率最高，約 0.85)	
	液壓油箱	含濾清器、液位計、油溫計、壓力計 冷卻系統	
2. 控制閥	方向控制閥	單向閥	止回閥
		換向閥	2/2 方向閥 3/2、3/3 方向閥 4/2、4/3 方向閥 5/2、5/3 方向閥
	流量控制閥	節流閥	雙向速度控制閥 單向速度控制閥
	壓力控制閥	調壓閥(壓力調節器) 限壓閥(限制操作壓力不超過設定值) 放洩閥(壓力超過設定值即放油降壓) 順序閥(壓力達到設定值即開啓作動)	
	訊號處理閥	梭動閥(OR 閥) 雙壓閥(AND 閥) 延時閥	
3. 致動器	液壓缸(線性運動)	單動液壓缸	
		雙動液壓缸	單桿(標準)雙動缸 雙桿雙動缸 伸縮式雙動缸

表 2.2　液壓元件分類(續)

3.致動器	搖擺液壓缸 (搖擺運動)	齒輪式搖擺缸(90°，180°或 270°) 輪葉式搖擺缸(任意角度可調)
	液壓馬達(旋轉運動)	齒輪馬達、輪葉馬達 活塞馬達
	螺桿式液壓缸(直進＋旋轉運動)	
4.其它元件	感測器(sensor)	微動開關、近接開關、磁簧開關 光電開關、壓力開關
	蓄壓器(accumulator)	氣體壓縮式 彈簧式

2.2　元件功能

　　依據系統工作原理及架構，可以得到系統作業流程如下：
氣壓系統作業流程：

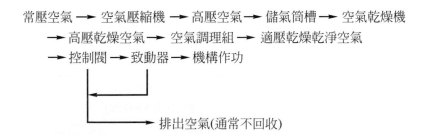

常壓空氣 ⟶ 空氣壓縮機 ⟶ 高壓空氣 ⟶ 儲氣筒槽 ⟶ 空氣乾燥機
⟶ 高壓乾燥空氣 ⟶ 空氣調理組 ⟶ 適壓乾燥乾淨空氣
⟶ 控制閥 ⟶ 致動器 ⟶ 機構作功
⟶ 排出空氣(通常不回收)

液壓系統作業流程：

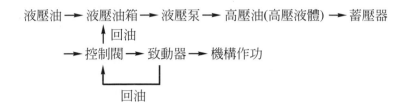

各種元件在氣液壓系統中所扮演的角色不同，先要能熟悉其功用，才能正確使用並發揮最大的效益，以下詳述各種元件的功用。

高壓流體供應元件

高壓流體供應元件為氣液壓系統的動力來源，包括有液壓泵、空氣壓縮機，另外還有空氣乾燥機及空氣調理組，為壓縮空氣調理專用元件。

液壓泵(hydraulic oil pump)：產生高壓油供液壓系統使用，請見圖 2.2。

泵必須搭配一個儲油箱，配備有濾油網、液位計、油溫計、壓力計及必要的冷卻系統，統稱為液壓動力單元(hydraulic power unit)，請見圖 2.3。

油壓記號
SYMBOL

圖 2.2 液壓泵

圖 2.3 液壓動力單元

【資料來源】ASHUN 液壓元件(油順機械工廠股份有限公司)

　　空氣壓縮機(Air Compressor)：產生高壓空氣供氣壓系統使用。

　　壓縮機必須搭配一高壓空氣儲氣筒槽，達到穩定供應高壓空氣、降低壓縮空氣溫度及移除部份水蒸汽的目的，氣壓動力單元(pneumatic power unit)配備有壓縮機、儲氣筒槽、濾清器、壓力計、排水閥及必要的冷卻系統，請見圖 2.4。

圖2.4　各式空氣壓縮機

【資料來源】SWAN天鵝牌空壓機(東正鐵工廠股份有限公司)

　　台灣地處亞熱帶之海島型氣候，冬季時東北季風帶來豐沛水氣，春、夏又有梅雨颱風，使得空氣的相對濕度常常高達90％～100 ％，要將空氣中的水份移除，才能確保氣壓系統正常作動及延長使用年限。

　　空氣乾燥機(air dryer)：將高壓空氣所含水份移除，確保氣壓系統使用正常。

　　乾燥機可區分為冷凍式乾燥機及吸附式乾燥機，兩者的差異如下述：

　　冷凍式乾燥機利用冷媒將高壓空氣降溫以移除水份，出口空氣露點通常為3℃～10℃，請見圖2.5。

　　吸附式乾燥機將高壓空氣降溫並利用乾燥劑除濕，幾乎完全移除水份，出口空氣露點可低達－40℃～－70℃，請見圖2.6。

圖2.5 冷凍式空氣乾燥機

圖2.6 吸附式空氣乾燥機

【資料來源】SWAN天鵝牌空氣乾燥機(東正鐵工廠股份有限公司)

　　空氣調理組(air unit)：為氣壓系統專用元件，包含三個元件。

　　空氣濾清器(filter)：過濾粉塵、水份，供應系統乾燥乾淨空氣。

　　調壓閥(regulator)：調整供氣壓力，供應系統適壓空氣。

　　潤滑注油器(lubricator)：必要時隨高壓空氣注油，供應元件潤滑用，潤滑注油器內，一般添加R-32潤滑機油，如果氣壓系統要求供應無油的壓縮空氣，譬如醫院、藥廠、電子零件廠，潤滑注油器成為非必要元件，如果空氣調理組同時使用三個元件時，又簡稱為三點組合，請見圖2.7。

圖 2.7　空氣調理組

【資料來源】　CHELIC 氣立可空氣調理組(台灣氣立股份有限公司)

2.2-2　控制閥

　　控制閥依使用功能可區分為三大類：

1.　方向控制閥(directional control valve)：

　　　　主要是控制空氣或液體的流通路徑，改變致動器的作動方向。包括 2/2、3/2、4/2、4/3、5/2、5/3 各式換向閥、止回閥。

2. 流量控制閥(flow control valve)：$Q = A \times V$，$V = Q / A$

主要是控制空氣或液體的流量，改變致動器的作動速度。

包括節流閥、單向流量控制閥、快速排氣閥。

3. 壓力控制閥(pressure control valve)：

出力F(kgf)＝錶壓力P×活塞截面積A_n×機械效益η

主要是控制空氣或液體的壓力，改變致動器的出力或力矩。

包括順序閥、限壓閥、放洩閥、調壓閥。

除了上述三類外，為了邏輯運算的需要，尚有訊號處理閥，包括：

(1) 梭動閥：邏輯運算的＋、也稱OR閥，相當於並聯電路。

(2) 雙壓閥：邏輯運算的×、也稱AND閥，相當於串聯電路。

(3) 延時閥：相當於電氣元件的計時器(timer)，因計秒精度不及計時器，延時閥多已淘汰不用。

控制閥乃氣液壓的中樞，種類繁多、功能互異，操作方式更視系統需要而變化，本書將另闢一節詳述其種類及功用。

2.2-3　致動器(actuator)

致動器依使用功能，主要區分為三類：

1. 氣液壓缸(cylinder)：

作動方式為直線往復運動，有行程(stroke)限制。

一般氣液壓缸依進氣(液體)的接口數，可區分為二類：

(1)　單動缸(single acting cylinder)：

只有一個進氣(液體)的接口，符號如下：

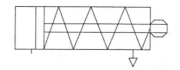

(2)　雙動缸(double acting cylinder)：

有二個進氣(液體)的接口，標準符號如下：

氣液壓缸如果依活塞桿數，則可區分為：

單桿標準缸：只有一支活塞桿，活塞桿易轉動，長行程時活塞桿易發生撓曲。

雙桿缸：二支活塞桿，長行程時可防止活塞桿撓曲，符號為：

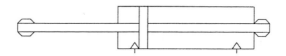

無桿缸：利用活塞經鍊條或鋼索，帶動活塞軛產生運動，可做極長行程運動，符號為：

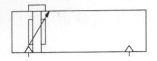

2. 氣液壓馬達(motor)：

    作動方式爲連續旋轉運動，有活塞式、齒輪式、輪葉式等不同構造；控制方式與雙動缸相同，符號如下：

3. 氣液壓迴轉缸(rotary cylinder)：

    作動方式爲小角度(300°以內)迴轉運動，也稱搖擺運動；有齒輪式、輪葉式等不同構造，迴轉角度有固定型式、亦有可調整型式；控制方式與雙動缸相同，符號如下：

    除了上述三類外，爲了搭配機械手臂取放物料的需要，尚有：

4. 氣壓夾爪(gripper)：

　　　作動方式為兩鉗閉合或張開，類似手指抓取，也稱氣壓手指；乃利用短行程雙動缸配合機構達成夾爪鉗閉合或張開的動作。

5. 真空發生器(vacuum ejector)及真空吸盤(vacuum pad)：

　　　作動方式為利用真空發生器產生負壓，搭配真空吸盤產生吸附力。

　　　控制方式類似單動缸，符號如下：

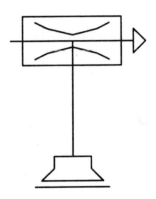

2.2-4　其它常用元件

1. 感測器(sensor)：

　　　可以偵測氣液壓系統的位移、壓力等物理信號，常用的有：

(1) 極限開關(limit switch)：

　　　用以偵測致動器位移信號，決定開關是否啟動(NO型)或關閉(NC 型)依照操作方式可區分為：

① 機械式：微動開關，物件需碰觸輥輪產生信號，以啓動或關閉開關。

② 磁電式：近接開關，物件僅需接近開關磁場有效範圍，即能產生信號；磁簧開關，物件需具磁性，接近磁簧開關有效範圍，即能產生信號。

③ 光電式：光電開關，物件僅需進入開關光源發射有效距離，即能產生信號。

④ 光學尺、編碼器：可以連續偵測致動器移動量或轉動量的感測器，能產生連續回授信號，藉以進行伺服控制(servo control)。

(2) 壓力開關：

偵測壓力信號，並與設定壓力比較，決定開關是否啓動或關閉。空氣壓縮機的自動啓動或關閉，即是使用壓力開關控制電源。

2. 換能器(transducer)：

換能器可以轉換氣液壓系統的能量、信號等型態，常用的有：

(1) 氣電轉換器：將氣液壓的壓力信號轉換成電氣信號，以回授給控制系統。

(2) 氣液增壓器：將氣壓的壓力能轉換成液壓能，以液壓能型態輸出；詳見下述：

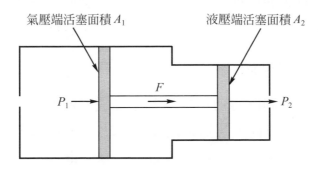

氣液增壓器增壓原理

　　由上圖知，

$$F = P_1 \times A_1 = P_2 \times A_2$$

$$\frac{P_2}{P_1} = \frac{A_1}{A_2} \Rightarrow A_1 \geq A_2 \Rightarrow P_2 \geq P_1$$

　　如果$P_2 > P_1$，稱爲氣液增壓器；如果$P_2 = P_1$，稱爲氣液轉換器。氣液轉換器的功用主要就是將氣壓系統結合液壓速度穩定的優點；氣液增壓器的功用主要就是將氣壓系統結合液壓出力大的優點。

2.3　控制閥

　　控制閥乃氣液壓的中樞，種類繁多、功能互異，控制閥依使用功能主要區分爲三類：

1.　方向控制閥(directional control valve)。

2.　流量控制閥(flow control valve)。

3.　壓力控制閥(pressure control valve)。

另有訊號處理閥，主要包括：梭動閥、雙壓閥；以下分別詳述之。

2.3-1 方向控制閥

方向控制閥的功用是控制空氣或液體的流通路徑，改變致動器的作動方向。包括止回閥、2/2、3/2、4/2、4/3、5/2、5/3各式換向閥。

1. 止回閥(check valve)：

止回閥的功用是限制空氣或液體為單一方向流通，類似空氣或液體的單行道，符號如下：

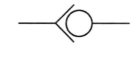

限制流體流動方向 ➡

另有一種引導作動式止回閥，符號及用法如下：

只有引導信號產生時流體才可流通 ➡ 引導信號接口

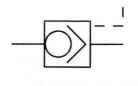

◀ 限制流體流動方向

止回閥可以搭配節流閥，形成單向流量控制閥，等介紹流量控制閥時再進一步說明。

2.　2/2 換向閥：

　　　讀作二口二位閥，有二個管路接口、二種作動位置，符號如下：

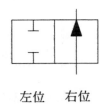

左位　　右位

　　　主要功用是控制系統壓力源的接通或切斷。使用方式可參見圖 2.8，元件 0.2 即為 2/2 換向閥。

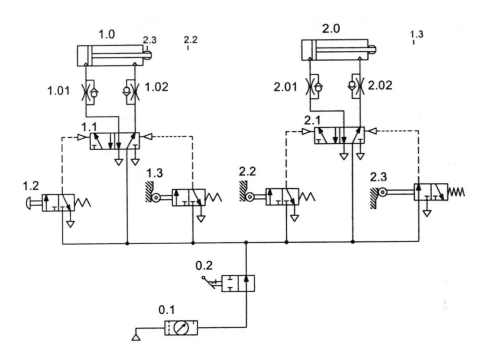

圖 2.8　換向閥的使用方式

3. 3/2 換向閥：

　　　讀作三口二位閥，有三個管路接口、二種作動位置，符號如下：

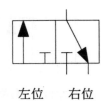

左位　　右位

　　主要功用有：

(1) 作為間接控制時的信號輸入元件；使用方式可參見圖 2.8，元件 1.2、1.3、2.2、2.3 即是。

(2) 作為單動缸作動時的控制元件；使用方式可參見圖 2.9，元件 1.1 即是。

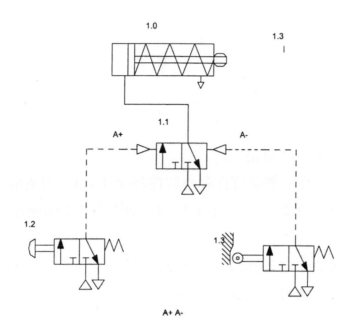

圖 2.9　3/2 換向閥的使用方式

4.　4/2 換向閥及 5/2 換向閥：

　　　4/2 閥讀作四口二位閥，有四個管路接口、二種作動位置，符號如下：

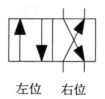

左位　　右位

　　　5/2 閥讀作五口二位閥，有五個管路接口、二種作動位置，符號如下：

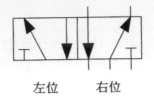

左位　　　右位

主要功用是：

(1)　作為雙動缸作動時的控制元件；4/2 閥使用方式可參見
　　　圖 2.10，元件 1.1、2.1 即是。5/2 閥使用方式可參見
　　　圖 2.11。

(2)　作為迴路設計串級法的級別狀態記憶閥元件；使用方
　　　式可參見圖 2.11。

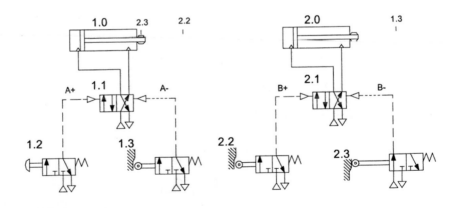

A+ B+ A- B-

圖 2.10　4/2 換向閥的使用方式

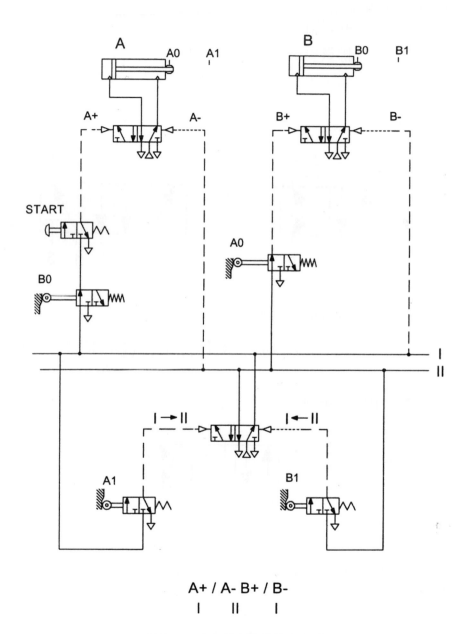

圖 2.11　5/2 換向閥的使用方式

　　　　4/2 換向閥及 5/2 換向閥基本的使用方式是相同的，除了排氣接口為一個(編號3)或二個(編號3、5)；如果是液壓閥，因為液壓媒介需回收，所以多用 4/2 換向閥，可以減少一個排油接管，同樣的情形也適用在4/3換向閥。

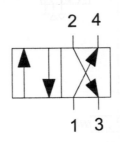 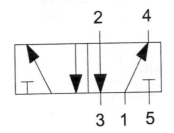

5.　4/3 換向閥：

　　　　4/3 閥讀作四口三位閥，有四個管路接口、三種作動位置，常用符號如下：

中位閉鎖型

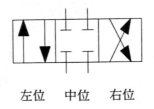

左位　　中位　　右位

中位 PT 連通型(多用於液壓系統)

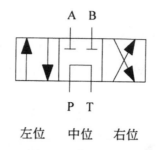

左位　　中位　　右位

　　4/3 換向閥主要功用是作爲雙動缸作動時的控制元件，增加中位可以將氣液壓缸於行程中段鎖定，不會因爲外加負載而任意移位。

　　4/3 閥使用方式可參見圖 2.12，元件 1.1 即是。

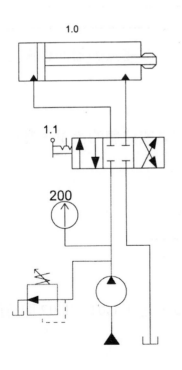

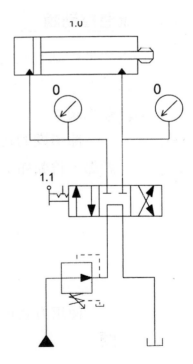

圖 2.12　4/3 換向閥的使用方式

6.　5/3 換向閥：

　　功用同 4/3 換向閥，有五個管路接口、三種作動位置，多用於氣壓系統，不另介紹，符號如下：

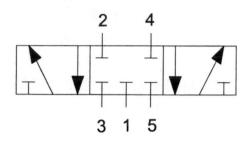

2.3-2　流量控制閥

　　主要是控制空氣或液體的流量，改變致動器的作動速度，包括節流閥、單向流量控制閥、快速排氣閥。

1.　節流閥：

　　節流閥的功用是調節空氣或液體的流量，雙向均可調節，符號如下：

　　使用方式可參見圖2.13，元件1.01、1.02即為節流閥。

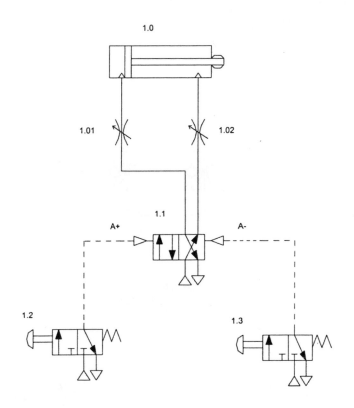

圖 2.13　節流閥的使用方式

2. 單向流量控制閥：

　　單向流量控制閥的功用是調節單一方向空氣或液體的流量，符號如下：

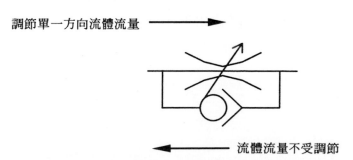

使用方式可參見圖 2.14，元件 1.01、1.02 即為單向
流量控制閥。

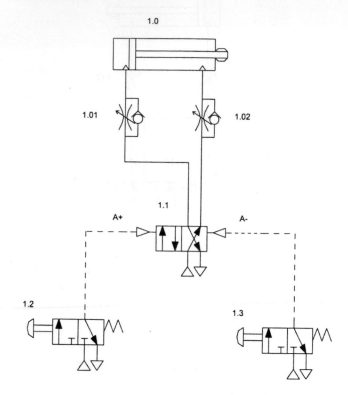

圖 2.14 單向流量控制閥的使用方式

3. 快速排氣閥：

速排閥的功用是使氣壓缸於排氣時減少背壓，加快
移動速度，符號如下：

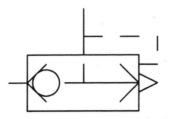

進氣端流道小速度較慢　　　　　　　　排氣端流道大速度快

2.3-3 壓力控制閥

　　主要是控制空氣或液體的壓力，改變致動器的出力或力矩，包括順序閥、限壓閥、放洩閥、調壓閥。

　1.　順序閥：

　　　　順序閥的功用是當壓力達到設定值即開啓，達到限制氣液壓缸順序作動的目的，符號如下：

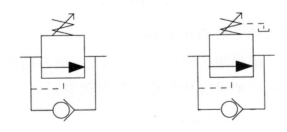

　　　　使用方式可參見圖 2.15，元件 1.01 即爲順序閥。

　　　　氣壓丙級檢定 990302(第 2 題)使用正壓順序閥。

　　　　氣壓丙級檢定 990303(第 3 題)使用眞空順序閥。

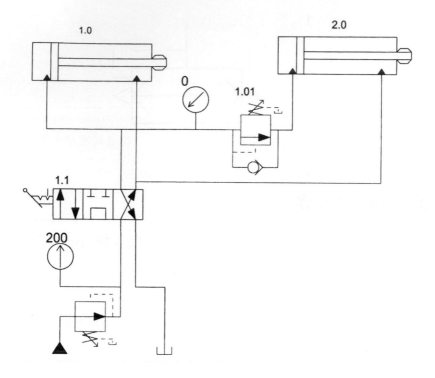

圖 2.15　順序閥的使用方式

2.　限壓閥、放洩閥(relief valve)：

　　　　限壓閥、放洩閥的功用是當壓力超過設定值即開啓，
排氣或放油完成降壓，達到限制最大操作壓力，保護氣
液壓系統的目的，又稱安全閥，符號如下：

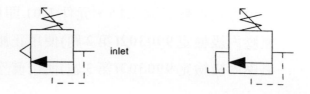

使用方式可參見圖2.16。

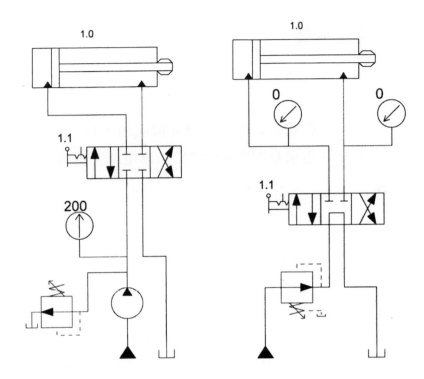

圖2.16　放洩閥的使用方式　　　圖2.17　調壓閥的使用方式

3. 調壓閥：

　　調壓閥的功用是調整系統的操作壓力，控制氣液壓致動器的出力或力矩，符號如下：

使用方式可參見圖 2.17。

2.3-4 訊號處理閥

訊號處理閥主要包括：梭動閥、雙壓閥；以下詳述之。

1. 梭動閥：

梭動閥的功用是訊號並聯處理，具有邏輯運算的＋功能、也稱 OR 閥，相當於並聯電路，符號如下：

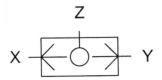

梭動閥的邏輯方程式為 $Z = X + Y$，當 X 端或 Y 端任一端有信號產生時，Z 端即有信號輸出。

使用方式可參見圖 2.18，元件 1.7 即是。

2. 雙壓閥：

雙壓閥的功用是訊號串聯處理，具有邏輯運算的 × 功能、也稱 AND 閥，相當於串聯電路，符號如下：

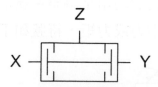

雙壓閥的邏輯方程式為 $Z = X \times Y$，當 X 端及 Y 端同時有信號產生時，Z 端才有信號輸出。

使用方式可參見圖 2.18，元件 1.6 即是。

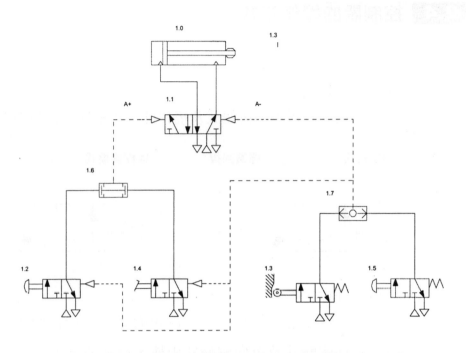

圖 2.18　梭動閥及雙壓閥的使用方式

各種控制閥在迴路中的用法將在第三章中詳細介紹。

2.4　控制閥的操作方式

控制閥的操作方式依據訊號產生來源可區分為：

1.　人力操作：

主要包括手動按鈕式及搖桿排檔式兩種，符號如下：

2.　機械操作：

利用氣液壓缸的缸桿端碰觸輥輪來操作控制閥，主要包括輥輪式及單向輥輪式兩種，符號如下：

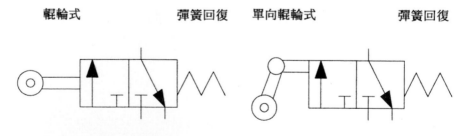

3.　氣液壓引導操作：

利用氣壓或液壓的壓力訊號，引導訊號來操作控制閥，主要包括單氣液壓引導式及雙氣液壓引導式兩種，符號如下：

氣液壓引導式　　　　　彈簧回復　　　　雙氣液壓引導式

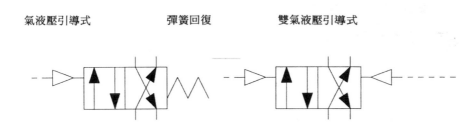

另有雙氣液壓引導彈簧自動回復式，符號如下：

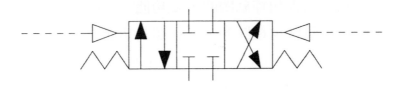

4.　電磁操作：

利用電氣式開關的觸發，產生電氣訊號來操作控制閥，主要包括單電磁頭式及雙電磁頭式兩種，符號如下：

電磁頭式　　　　　　彈簧回復　　　　　　雙電磁頭式

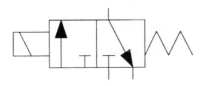
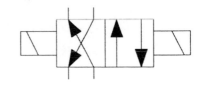

另有雙電磁頭彈簧自動回復式，符號如下：

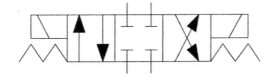

有關電磁式控制閥的操作，將在第五章時詳細介紹。

● 第二章　重點複習(review)

2.1

　　1.　氣液壓架構圖

　　2.　氣壓元件分類及液壓元件分類

2.2

　　3.　氣壓系統作業流程及液壓系統作業流程

　　4.　三大類控制閥的主要功能

　　5.　訊號處理閥的主要種類及功能

　　6.　致動器(Actuator)的主要種類及功能

　　7.　感測器(Sensor)的主要種類及功能

　　8.　換能器(transducer)的主要種類及功能

2.3-1

　　9.　方向控制閥的主要種類

　　10.　止回閥的功用及元件符號

　　11.　2/2 換向閥的功用及元件符號

　　12.　3/2 換向閥的功用及元件符號

　　13.　4/2 換向閥及 5/2 換向閥的功用及元件符號

　　14.　4/3 換向閥的功用及常用元件符號

2.3-2

　　15.　流量控制閥的主要種類

　　16.　節流閥的功用及元件符號

　　17.　單向流量控制閥的功用及元件符號

　　18.　快速排氣閥的功用及元件符號

2.3-3

19. 壓力控制閥的主要種類

20. 順序閥的功用及元件符號

21. 限壓閥、放洩閥的功用及元件符號

22. 調壓閥的功用及元件符號

2.3-4

23. 梭動閥的功用及元件符號

24. 雙壓閥的功用及元件符號

2.4

25. 控制閥的操作方式及元件符號

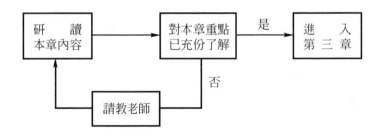

迴 路

依據氣液壓工作原理及架構(參照下圖)，發展出完整的氣液壓順序控制，以下將介紹迴路繪製的法則及基本迴路。

氣液壓架構

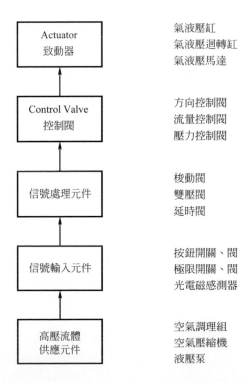

Actuator 致動器	氣液壓缸 氣液壓迴轉缸 氣液壓馬達
Control Valve 控制閥	方向控制閥 流量控制閥 壓力控制閥
信號處理元件	梭動閥 雙壓閥 延時閥
信號輸入元件	按鈕開關、閥 極限開關、閥 光電磁感測器
高壓流體供應元件	空氣調理組 空氣壓縮機 液壓泵

3.1　氣液壓迴路繪製的法則

　　迴路繪製可區分為兩種：

1.　定位式畫法：

　　　　元件繪製方位與實際迴路中元件擺置方位相當；優點是操作者閱圖時，易於了解元件擺置方位及之間的相互關係；缺點是氣液壓管路繪製會有線條交叉，或複雜迴路時圖面較凌亂。

2.　不定位式畫法：

　　　　元件繪製方位完全依照氣液壓架構圖中元件擺置；優點是繪製迴路時圖面整齊，複雜迴路時層次分明、較易於閱圖；缺點是操作者閱圖時，不易了解元件擺置方位及之間的相互關係。

　　一般迴路設計時，如屬較複雜者，多採用不定位式畫法。

　　有關定位式畫法、不定位式畫法的差異，請見圖3.1、圖3.2。

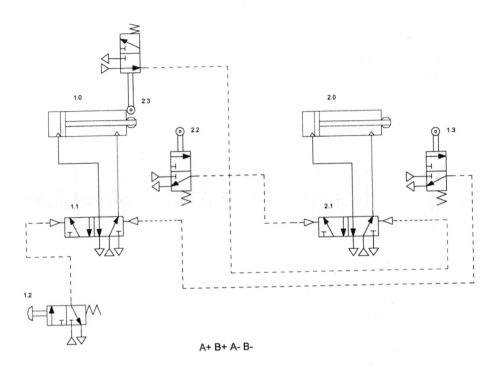

A+ B+ A- B-

圖 3.1 迴路定位式畫法

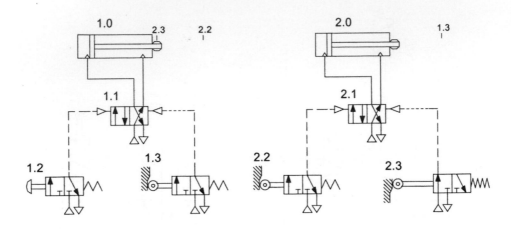

A+ B+ A- B-

圖 3.2　迴路不定位式畫法

氣液壓迴路元件命名的法則

　　迴路中元件命名的法則有：

1.　用阿拉伯數字命名(1.0、1.1、1.2、1.3、2.0、2.1、……)：

　　　在迴路設計的直覺法(留待第四章介紹)中，使用阿拉伯數字命名。

(1)　致動元件：氣液壓缸、氣液壓馬達等元件，以 1.0、2.0、3.0、…標註。

(2)　控制元件：3/2、4/2、5/2 方向閥等元件，以 1.1、2.1、3.1、……標註。

　　　節流閥等輔助元件，以1.01、1.02、2.01、3.01、……標註。

(3)　信號元件：梭動閥、雙壓閥、3/2 方向閥、感測開關等均屬之。

　　　　控制方向閥左側信號的元件，以 1.2、1.4、2.2、……標註。

　　　　控制方向閥右側信號的元件，以 1.3、1.5、2.3、……標註。

(4)　供氣元件：空氣調理組、2/2 開關閥等屬之，以 0.1、0.2、……標註。

有關於迴路中元件使用阿拉伯數字命名的法則，請參見圖 3.3、圖 3.4。

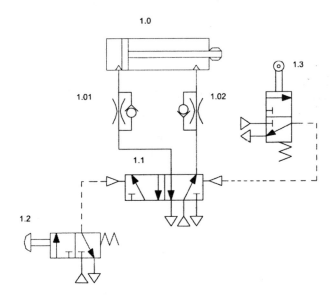

圖 3.3　元件使用數字命名的迴路圖(一)

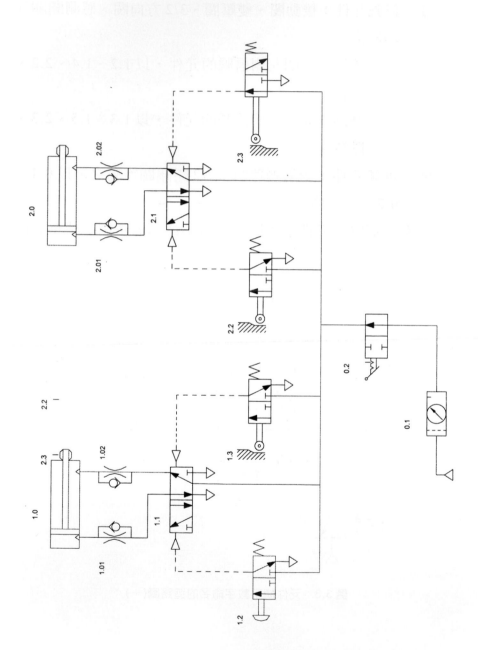

圖 3.4　元件使用數字命名的迴路圖(二)

2.　用英文字母命名(A、B、C、A_0、A_1、B_0、B_1、……)：

　　　在迴路設計的串級法(留待第四章介紹)中，使用英文字母命名。

(1)　致動元件：

　　　氣液壓缸、氣液壓馬達等元件，以 A、B、C、……標註。

(2)　信號元件：

　　　配置於氣液壓缸收回端點的感測元件，以 A_0、B_0、……標註。

　　　配置於氣液壓缸伸出端點的感測元件，以 A_1、B_1、……標註。

　　　其餘元件通常不予命名，因此可簡化命名並使迴路圖清楚更容易閱讀。有關迴路中元件使用英文字母命名的法則，請參見圖 3.5、圖 3.6。

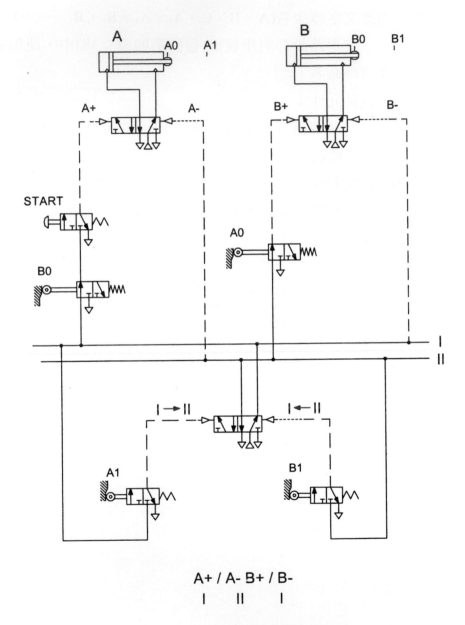

A+ / A- B+ / B-
  I   II   I

圖 3.5　元件使用英文字母命名的迴路圖(一)

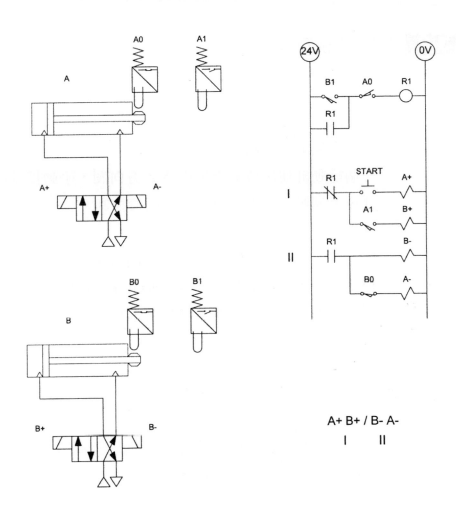

圖 3.6　元件使用英文字母命名的迴路圖(二)

3.2 基本氣液壓迴路

　　設計氣液壓迴路前,要先認識一些簡單的基本迴路,熟悉基本迴路的用途及常用氣液壓元件的使用方式,本節先介紹一些常用的基本氣液壓迴路。

1.　一個雙動缸使用雙氣壓導引 5/2 方向閥,手動控制作前進後退運動。本例屬雙動缸的間接控制。

　　動作說明:

　　　　手按 1.2 閥,A＋作動,1.1 閥切換左位,雙動缸缸桿前進;手按 1.3 閥,A－作動,1.1 閥切換右位,雙動缸缸桿後退。正確迴路請參見圖 3.7。

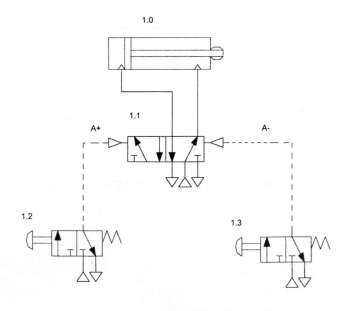

圖 3.7　　一個雙動缸手動控制作前進後退運動

2. 一個雙動缸使用雙氣壓導引 5/2 方向閥，手動控制作單
   次往復運動。

   動作說明：

   　手按 1.2 閥，A＋作動，1.1 閥切換左位，雙動缸缸
   桿前進；缸桿碰觸極限開關 1.3 輥輪閥，A－作動，1.1
   閥切換右位，雙動缸缸桿後退。正確迴路請參見圖 3.8。

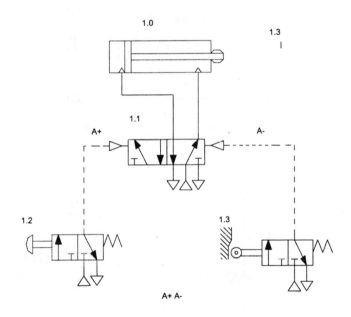

圖 3.8　一個雙動缸手動控制作單次往復運動 A＋A－

3. 一個單動缸使用雙氣壓導引 3/2 方向閥，手動控制作單次往復運動。

動作說明：

　　手按 1.2 閥，A＋作動，1.1 閥切換左位，單動缸缸桿前進；缸桿碰觸極限開關 1.3 輥輪閥，A－作動，1.1 閥切換右位，單動缸缸桿後退。正確迴路請參見圖 3.9。

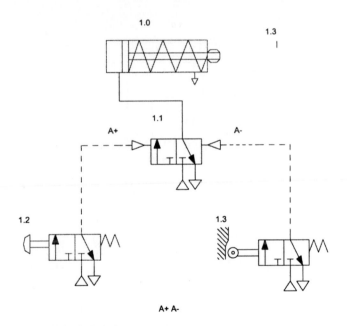

圖 3.9　一個單動缸手動控制作單次往復運動

4.　一個雙動缸使用雙氣壓導引 5/2 方向閥，自動控制作連續往復運動。

動作說明：

缸桿碰觸極限開關 1.2 輥輪閥，A ＋作動，1.1 閥切換左位，雙動缸缸桿前進；缸桿碰觸極限開關 1.3 輥輪閥，A －作動，1.1 閥切換右位，雙動缸缸桿後退。正確迴路請參見圖 3.10。

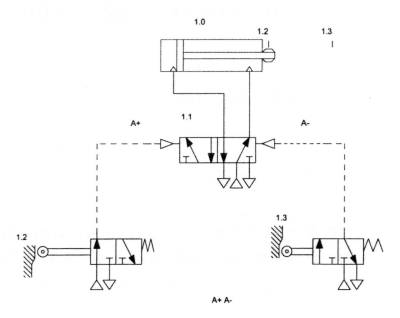

圖 3.10　一個雙動缸自動控制作連續往復運動

本迴路係連續運動，實用時若遇到緊急狀況，需改良如下例。

5. 一個雙動缸使用雙氣壓導引 5/2 方向閥,自動控制作連續往復運動;附加緊急停止(emergency stop)功能。

動作說明:

手按 START(0.2)閥,0.4 閥切換左位,形成通路,系統啓動;缸桿碰觸極限開關 1.2 輥輪閥,A＋作動,1.1 閥切換左位,雙動缸缸桿前進;缸桿碰觸極限開關 1.3 輥輪閥,A－作動,1.1 閥切換右位,雙動缸缸桿後退;手按 E. STOP(0.3)閥,0.4 閥切換右位,形成斷路,系統停止。正確迴路請參見圖 3.11。

6. 一個雙動缸使用雙氣壓導引 5/2 方向閥,自動控制作連續往復運動;並聯手動控制作前進後退運動。

動作說明:

本例中,利用 1.6、1.7 兩個梭動閥,並聯自動控制及手動控制兩套系統。

自動控制作連續往復運動部份:

手按 START 鈕,0.2 閥形成通路,系統啓動自動控制;缸桿碰觸極限開關 1.4 輥輪閥,A＋作動,1.1 閥切換左位,雙動缸缸桿前進;缸桿碰觸極限開關 1.3 輥輪閥,A－作動,1.1 閥切換右位,雙動缸缸桿後退;手按 STOP 鈕,0.2 閥形成斷路,系統停止自動控制。

手動控制作前進後退運動部份:

手按 1.2 閥,A＋作動,1.1 閥切換左位,雙動缸缸桿前進;手按 1.5 閥,A－作動,1.1 閥切換右位,雙動缸缸桿後退。正確迴路請參見圖 3.12。

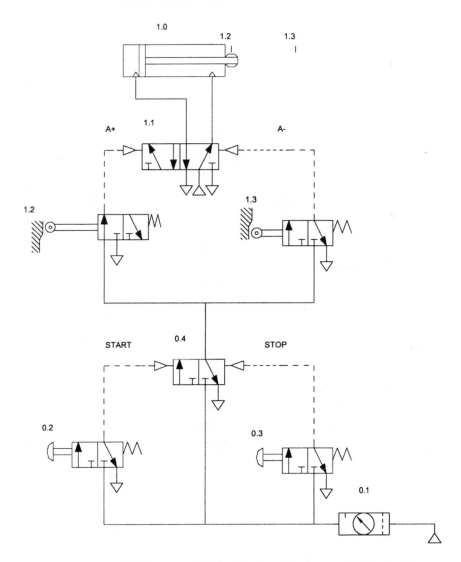

圖 3.11　一個雙動缸自動控制作連續往復運動，附加緊急停止功能

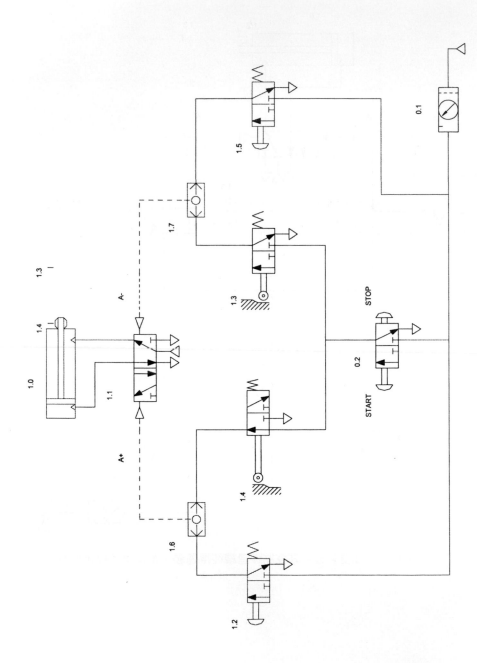

圖 3.12　一個雙動動缸自動控制/作連續往復運動並瞬手動控制/作前進後退運動

7. 一個雙動缸使用雙氣壓導引 4/2 方向閥及流量控制閥，速度控制作前進後退運動。

動作說明：

　　手按 1.2 閥，A＋作動，改變 1.01 控制閥流量，調整雙動缸缸桿前進速度；手按 1.3 閥，A－作動，改變 1.02 控制閥流量，調整雙動缸缸桿後退速度。

特別注意：

　　不論 1.01 閥或 1.02 閥流量控制均會同時影響缸桿前進及後退的速度。正確迴路請參見圖 3.13。

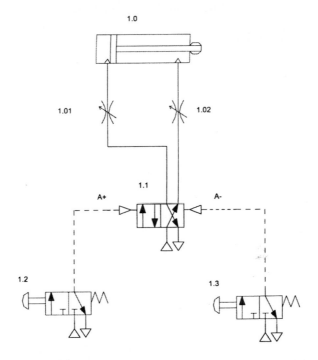

圖 3.13　一個雙動缸使用流量控制閥，速度控制作前進後退運動

8. 一個雙動缸使用雙氣壓導引 4/2 方向閥及單向流量控制閥，速度控制作前進後退運動。

動作說明：

手按 1.2 閥，A＋作動，改變 1.01 控制閥流量，調整雙動缸缸桿前進速度；手按 1.3 閥，A－作動，改變 1.02 控制閥流量，調整雙動缸缸桿後退速度。

特別注意：

不論 1.01 閥或 1.02 閥流量控制，均為量入(meter-in)控制，屬於進氣控制，1.01 閥只會影響缸桿前進的速度，而 1.02 閥只會影響缸桿後退的速度。正確迴路請參見圖 3.14。

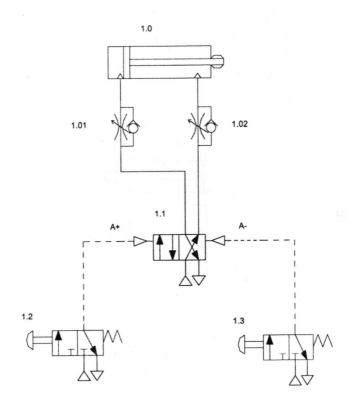

圖 3.14 一個雙動缸使用單向流量控制閥，量入控制作前進後退運動

9. 一個雙動缸使用雙氣壓導引 4/2 方向閥及單向流量控制
   閥，速度控制作前進後退運動。
   動作說明：
   　　手按 1.2 閥，A＋作動，改變 1.02 控制閥流量，調整
   雙動缸缸桿前進速度；手按 1.3 閥，A－作動，改變 1.01
   控制閥流量，調整雙動缸缸桿後退速度。
   特別注意：

不論 1.01 閥或 1.02 閥流量控制，均為量出(meter-out)控制，屬於排氣控制，1.02 閥只會影響缸桿前進的速度，而 1.01 閥只會影響缸桿後退的速度。正確迴路請參見圖 3.15。

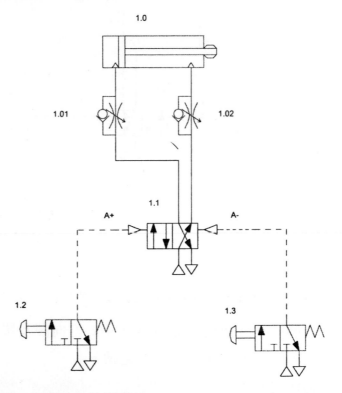

圖 3.15 一個雙動缸使用單向流量控制閥，量出控制作前進後退運動

同樣的情形，可改用流量控制閥，擺置於 4/2 方向閥的排氣口處，也能達到量出(meter-out)控制的目的；正確迴路請參見圖 3.16。

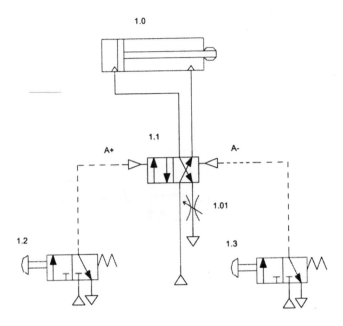

圖 3.16　一個雙動缸使用流量控制閥，量出控制作前進後退運動

10. 一個雙動缸使用雙氣壓導引 5/2 方向閥，手動控制作前進後退運動；附加雙壓閥作串聯控制。

　　本迴路常使用於需安全防護的機械系統，譬如衝床、油壓床。

動作說明：

　　本例中，利用 1.6 雙壓閥，串聯 3/2 手按閥及 3/2 腳踏閥。

　　同時手按 1.2 閥及腳踏 1.4 閥，1.6 雙壓閥才會輸出信號，A＋作動，雙動缸缸桿前進；若 1.2 閥的信號輸出及 1.4 閥的信號輸出沒有重疊，1.6 雙壓閥將不會輸出信號。

手按 1.3 閥，A－作動，同時解除 1.2 閥及 1.4 閥的信號輸出後，雙動缸缸桿後退。正確迴路請參見圖 3.17。

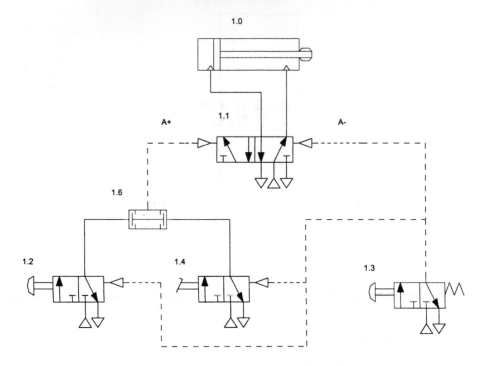

圖 3.17　一個雙動缸使用一個雙壓閥作串聯控制

11. 迴路要求同例 10，附加梭動閥作單次往復運動之並聯控制。

動作說明：

本例中，利用 1.7 梭動閥，串聯 3/2 手按閥及 3/2 輥輪閥。

　　同時手按 1.2 閥及腳踏 1.4 閥，1.6 雙壓閥輸出信號，
A＋作動，雙動缸缸桿前進；缸桿碰觸極限開關 1.3 輥輪
閥，A－作動，雙動缸缸桿自動後退；如在缸桿前進途
中，緊急手按 1.5 閥，A－作動，雙動缸缸桿立即後退。
正確迴路請參見圖 3.18。

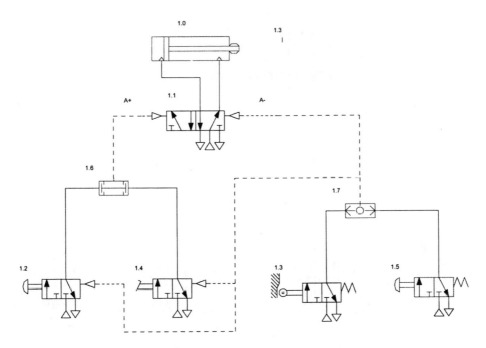

圖 3.18　一個雙動缸使用雙壓閥作串聯控制，同時使用梭動閥作並聯控制

　　　　如將 1.7 元件改用雙壓閥，缸桿碰觸極限開關 1.3 輥
輪閥時，雙動缸缸桿將不自動後退，要等手按 1.5 閥，
A－作動，雙動缸缸桿才會後退。正確迴路請參見圖 3.19。

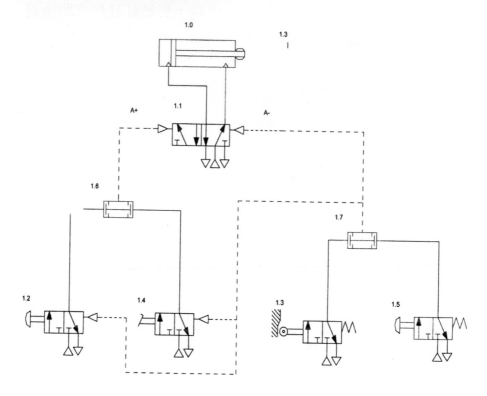

圖 3.19　一個雙動缸使用二個雙壓閥作串聯控制

12. 一個雙動缸使用雙氣壓導引 5/2 方向閥，手動控制前進、順序閥控制後退，作單次往復運動：使用順序閥控制氣液壓缸的最大出力(壓力)，稱為壓力從屬控制。

動作說明：

　　手按 1.2 閥，A ＋作動，1.1 閥切換左位，雙動缸缸桿前進；缸活塞前進到缸右端盡頭，缸內壓力立即上升，當缸內壓力達到順序閥設定壓力時，1.3 順序閥瞬間開啟，A －作動，1.1 閥切換右位，雙動缸缸桿後退。正確迴路請參見圖 3.20。

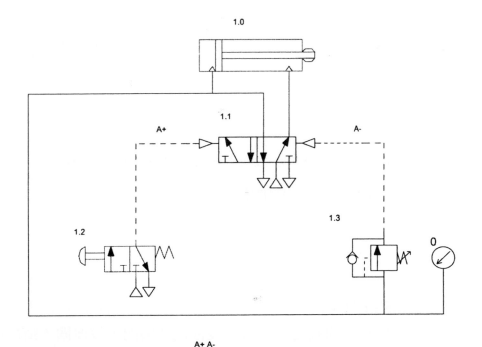

A+ A-

圖 3.20　一個雙動缸使用順序閥控制氣液壓缸的最大出力(壓力從屬控制)

　　　　若將圖 3.8 及圖 3.20 合併,得到圖 3.21,利用雙壓
閥將 1.3 順序閥及 1.5 輥輪閥串聯控制,同時達到壓力及
位置雙重控制。

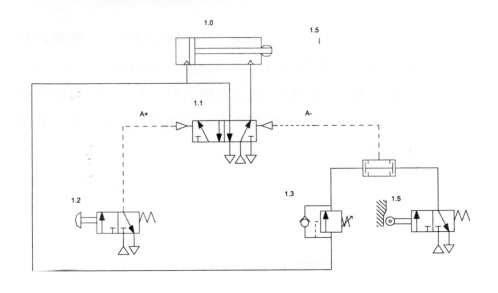

圖 3.21　使用雙壓閥作串聯控制,同時達到壓力及位置雙重控制

13.　一個液壓系統分別使用放洩閥及調壓閥,控制系統最大
　　　操作壓力,本迴路稱為調壓迴路。
　　　動作說明:
　　　　　當管路內壓力超過放洩閥設定壓力時,放洩閥開啓
　　　排油回油箱,使管路內壓力下降,直到管路內壓力又低
　　　於放洩閥設定壓力時,放洩閥才關閉;放洩閥不斷的啓
　　　閉使壓力平衡,達到控制系統最大操作壓力的目的;正
　　　確迴路請參見圖 3.22-1。

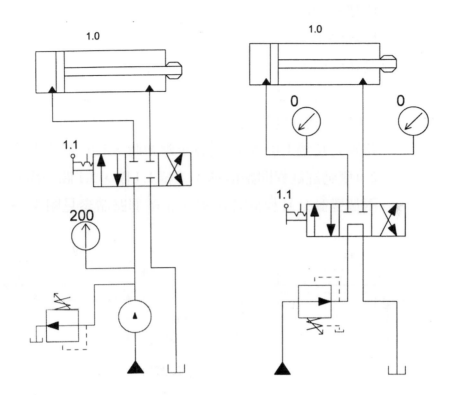

圖 3.22-1 使用放洩閥，控制系統最大操作 圖 3.22-2 使用調壓閥，控制系統最大操作
壓力(調壓迴路) 壓力(調壓迴路)

　　當管路內壓力超過調壓閥設定壓力時，調壓閥關閉
使油回油箱，待管路內壓力下降，調壓閥再度開啓，調
壓閥不斷的啓閉使壓力平衡，達到控制系統最大操作壓
力的目的；正確迴路請參見圖 3.22-2。

14. 兩個雙動缸使用順序閥控制作動順序，稱為壓力控制順序迴路。

    動作說明：

　　　手按 1.1 閥，1.1 閥切換左位，1.0 雙動缸缸桿前進；1.0 缸活塞前進到缸右端盡頭，缸內壓力立即上升，當管路壓力超過 1.01 順序閥設定壓力時，1.01 順序閥開啟，2.0 雙動缸缸桿開始前進；手拉 1.1 閥，1.1 閥切換右位，兩個雙動缸缸桿同時後退。正確迴路請參見圖 3.23。

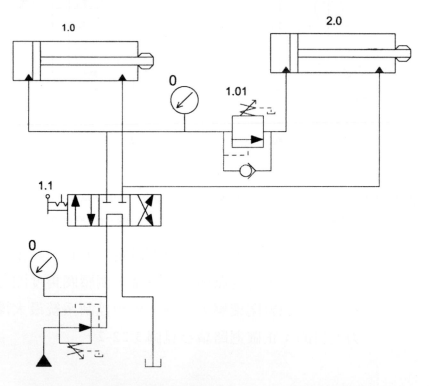

圖 3.23　兩個雙動缸使用順序閥控制順序作動(壓力控制順序迴路)

15.　一個液壓系統分別使用抗衡閥及引導作動式止回閥，將立式液壓缸鎖定，不會因為自重或負載而下滑，本迴路稱為壓力保持迴路。

動作說明：

　　手按 1.1 閥，1.1 閥切換左位，缸內壓力立即上升，當管路壓力超過 1.01 抗衡閥設定壓力時，1.01 抗衡閥開啟，1.0 雙動缸缸桿下降；手拉 1.1 閥，1.1 閥切換右位，液壓油經 1.01 閥的止回閥端流入液壓缸，1.0 雙動缸缸桿上昇；當 1.1 閥切換中位時，如果缸桿側管路壓力不超過 1.01 抗衡閥設定壓力時，液壓缸應該被安全鎖定。

　　特別注意抗衡閥的設定壓力，一定要大於靜止時缸桿側的壓力，液壓缸才不會下滑；正確迴路請參見圖 3.24 (a)。

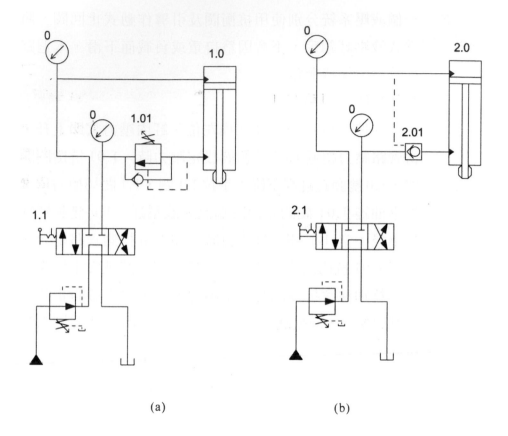

(a)　　　　　　　　　　　(b)

圖3.24　使用抗衡閥及引導作動式止回閥，將立式液壓缸鎖定(壓力保持迴路)

　　手按2.1閥，2.1閥切換左位，活塞側壓力上升，同時引導 2.01 引導作動式止回閥開啓，2.0 雙動缸缸桿下降；手拉2.1閥，2.1閥切換右位，液壓油經 2.01 閥流入液壓缸，2.0 雙動缸缸桿上昇。

　　當 1.1 閥切換中位時，缸桿側的液壓油無法通過2.01閥，液壓缸可以被安全鎖定；正確迴路請參見圖 3.24(b)。

3.3 氣液壓順序控制

　　氣液壓控制因爲控制閥的分類，可區分爲方向控制、流量控制、壓力控制，依照控制目的及要求，三者常常綜合在單一控制迴路中，其中方向控制相對應的氣液壓控制迴路，稱爲順序控制迴路；有關順序控制的基本觀念，包括位移—步驟圖、位移—時間圖及控制信號—步驟圖，將於本節詳細介紹之。

　　首先介紹位移—步驟圖，請先參見圖3.8，控制一個雙動缸作單次往復運動，動作要求的運動順序爲 A＋A－，其對應的位移—步驟圖如下：

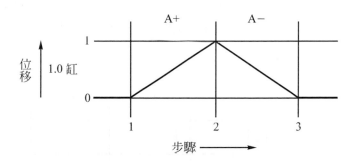

圖 3.25　A＋A－位移—步驟圖

　　如果將位移—步驟圖的橫軸座標改成時間，就變成位移—時間圖，如下：

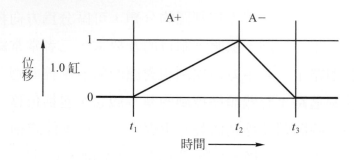

圖 3.26　A＋A－位移—時間圖

　　接著介紹控制信號—步驟圖，同樣參見圖 3.8 及動作說明：

　　手按 1.2 閥，A＋作動，1.1 閥切換左位，雙動缸缸桿前進；缸桿碰觸極限開關 1.3 輥輪閥，A－作動，1.1 閥切換右位，雙動缸缸桿後退。可得控制信號—步驟圖如下：

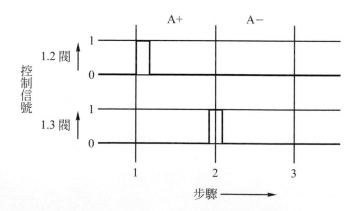

圖 3.27　A＋A－控制信號—步驟圖

　　依據控制信號—步驟圖，可知 1.2 閥控制信號與 1.3 閥控制
信號並無重疊，可依運動順序要求，產生正確動作。

　　另舉一例：控制兩個雙動缸順序動作，要求的運動順序為
A＋B＋B－A－，其對應的位移—步驟圖如下：

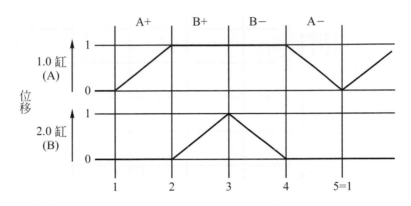

圖 3.28　A＋B＋B－A－位移—步驟圖

　　依照運動順序 A＋B＋B－A－的要求，配合元件命名的
法則，可得：

$$A+ \quad B+ \quad B- \quad A-$$
$$\nearrow \searrow \nearrow \searrow \nearrow \searrow \nearrow$$
$$1.2 \quad 2.2 \quad 2.3 \quad 1.3$$

繪出控制信號—步驟圖如下：

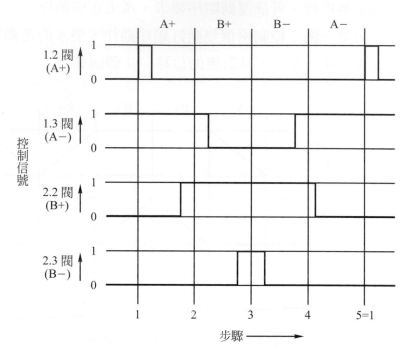

圖 3.29　A＋B＋B－A－控制信號—步驟圖

　　依據控制信號—步驟圖，可知 2.2 閥控制信號與 2.3 閥控制
信號出現重疊，1.3 閥控制信號與 1.2 閥控制信號也出現重疊，
所謂信號重疊，即同一組控制信號之先產生信號遮蔽了後產生
信號，發生後信號產生卻無相對應動作的現象稱之；在本例中，
B＋信號遮蔽了 B－信號、A－信號遮蔽了 A＋信號，無法依
運動順序要求產生正確動作，要解決信號重疊的方法，在本例
中即是將先產生信號 B＋、A－由連續信號修改成脈衝信號即
可，請參見圖 3.30，在第四章即將介紹的直覺法迴路設計中，
將輥輪閥 1.3、2.2 改用單向輥輪閥即可，請參見圖 3.31。

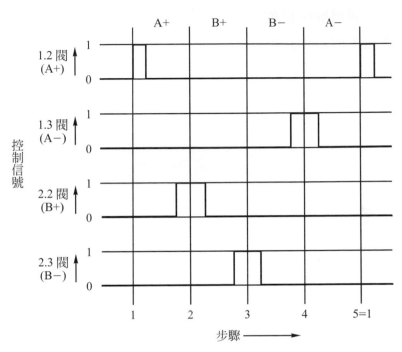

圖 3.30 修正 Ａ＋Ｂ＋Ｂ－Ａ－控制信號─步驟圖

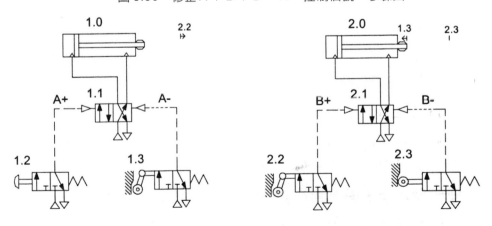

A+ B+ B- A-

圖 3.31 Ａ＋Ｂ＋Ｂ－Ａ－直覺法迴路圖

　　如何解決信號重疊的問題，是順序控制迴路的首要課題，將在第四章中詳細介紹。

● 第三章　　重點複習(review)

3.1

1.　迴路繪製時，有關定位式畫法、不定位式畫法的差異

2.　迴路中元件使用阿拉伯數字命名的法則

3.　迴路中元件使用英文字母命名的法則

3.2

4.　一個雙動缸的基本順序控制

5.　一個單動缸的基本順序控制

6.　使用流量控制閥作速度控制

7.　使用單向流量控制閥作進氣量入(meter-in)控制

8.　使用單向流量控制閥作排氣量出(meter-out)控制

9.　使用雙壓閥作串聯控制、使用梭動閥作並聯控制

10.　使用順序閥控制氣液壓缸的最大出力(壓力從屬控制)

11.　使用順序閥控制兩缸的作動順序(壓力控制順序迴路)

12.　使用放洩閥或調壓閥，控制系統最大操作壓力(調壓迴路)

13.　使用抗衡閥或引導作動式止回閥作系統壓力保持迴路

3.3

14.　順序控制的基本觀念：位移—步驟圖及控制信號—步驟圖

15.　順序控制中解決信號重疊的方法

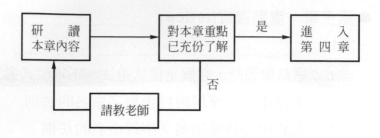

第 **4** 章

氣液壓迴路設計

常用的迴路設計法則有：

1. 直覺法。

2. 串級法。

3. 邏輯設計法。

4. 循環步進法。

5. 移位暫存器法。

本書謹先就直覺法及串級法作一介紹並藉實例比較說明。

4.1 直覺法

本法適用在較簡單的迴路，使用時，迴路中元件使用阿拉伯數字命名。

迴路設計步驟

1. 依氣液壓架構由上而下，繪出需用的元件並適當擺置。

2. 繪出氣液壓供能管路，連接各元件。

3. 使用阿拉伯數字命名法則標註各元件。

4. 依運動順序決定信號元件之信號感測位置並標示。

5. 決定信號元件是否需使用單向輥輪(檢查信號有無重疊)。

6. 決定信號元件是否觸發，並完成信號連接管路(或電路)。

步驟 4、5、6 為直覺法之重點，稍後將以實例詳細解說。

7. 最後務必檢查及模擬，確認迴路符合運動順序之要求。

◆ 實例一

單一雙動氣壓缸手動伸出、自動收回；運動順序為 A ＋ A －。

作法：

1. 由上而下繪出一個雙動氣壓缸、一個 4/2 方向閥、二個 3/2 方向閥，左側 3/2 方向閥為手動按鈕式操作，右側 3/2 方向閥為輥輪式操作。

2. 繪出氣壓供氣管路，連接各元件。

3. 元件命名：

雙動氣壓缸：1.0；4/2 方向閥：1.1

左側 3/2 方向閥：1.2

右側 3/2 方向閥：1.3

4. 元件 1.2 為啟動按鈕；元件 1.3 為感測開關，需標示感測位置。

5. 本例為簡單迴路，經檢查信號無重疊，免用單向輥輪。

6. 經檢查元件無觸發，並完成信號連接管路。

7. 確認迴路符合運動順序之要求。

實例一的作法及正確迴路，請參見圖 4.1。

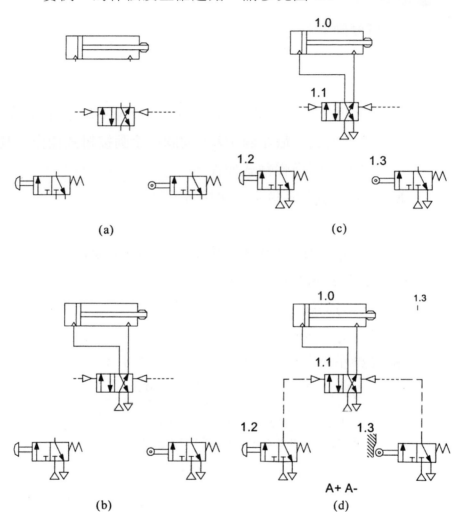

圖 4.1　一個雙動缸 A ＋ A －直覺法順序控制作單次往復運動

◆ 實例二

二個雙動氣壓缸手動啓動、自動往復單次；運動順序爲
A＋B＋A－B－。

作法：

1. 由上而下繪出二個雙動氣壓缸、二個 4/2 方向閥、四個
3/2 方向閥，最左側 3/2 方向閥爲手動按鈕式操作，其餘
3/2 方向閥爲輥輪式操作。

2. 繪出氣壓供氣管路，連接各元件。

3. 元件命名，由左至右：
雙動氣壓缸：1.0(A 氣壓缸)、2.0(B 氣壓缸)
4/2 方向閥：1.1、2.1
3/2 方向閥：1.2、1.3、2.2、2.3

4. 元件 1.2 爲啓動按鈕；元件 1.3、2.2、2.3 爲感測開關，
需標示感測位置，標示位置法則如下：

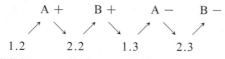

(手動鈕) (1.0 前端) (2.0 前端) (1.0 後端)

5. 本例A＋B＋A－B－經檢查信號無重疊，免用單向輥輪。

6. 經檢查元件 2.3 有觸發，並完成信號連接管路。

7. 確認迴路符合運動順序之要求。

實例二的作法及正確迴路，請參見圖 4.2。

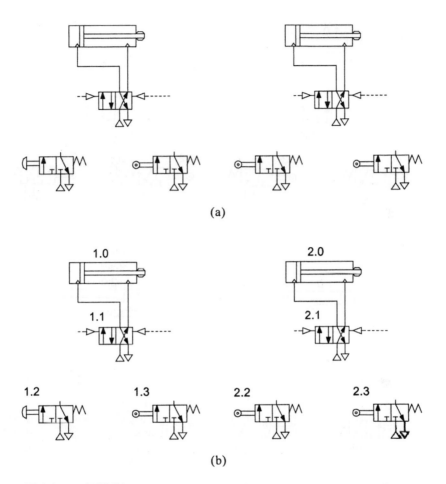

(a)

(b)

圖 4.2　二個雙動缸 A ＋ B ＋ A － B －直覺法順序控制作單次往復運動

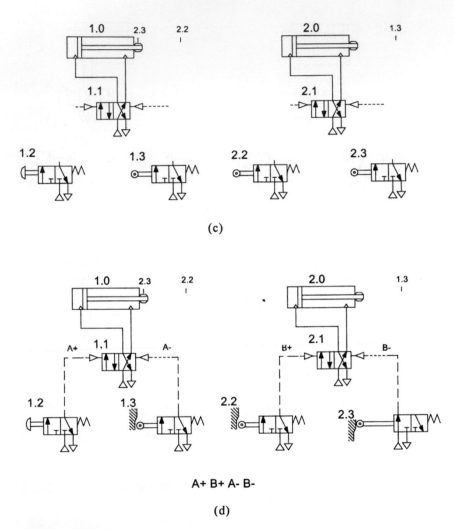

(c)

A+ B+ A- B-

(d)

圖 4.2　二個雙動缸 A ＋ B ＋ A － B －直覺法順序控制作單次往復運動(續)

◆實例三

　　二個雙動氣壓缸手動啓動、自動往復單次；運動順序爲 A＋B＋B－A－。

作法：

1. 由上而下繪出二個雙動氣壓缸、二個 4/2 方向閥、四個 3/2 方向閥，最左側 3/2 方向閥爲手動按鈕式操作，其餘 3/2 方向閥爲輥輪式操作。

2. 繪出氣壓供氣管路，連接各元件。

3. 元件命名方式同實例二。

4. 元件 1.2 爲啓動按鈕；元件 1.3、2.2、2.3 爲感測開關，需標示感測位置，標示位置法則如下：

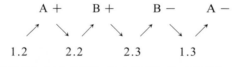

$$A＋\quad B＋\quad B－\quad A－$$

1.2　　　2.2　　　2.3　　　1.3

(手動鈕) (1.0 前端) (2.0 前端) (2.0 後端)

5. 本例 A＋B＋B－A－經檢查信號有重疊，元件 1.3、2.2 需用單向輥輪。

6. 經檢查元件無觸發(元件 1.3 已用單向輥輪)，並完成信號連接管路。

7. 確認迴路符合運動順序之要求。

　　實例三的作法及正確迴路，請參見圖 4.3。

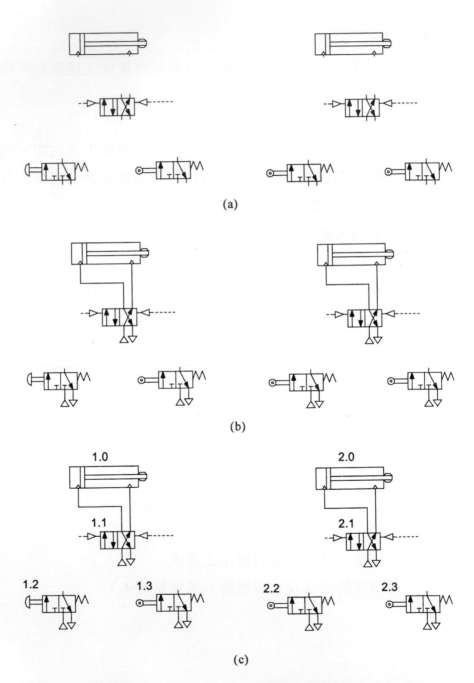

(a)

(b)

(c)

圖4.3　二個雙動缸 A＋B＋B－A－直覺法順序控制作單次往復運動

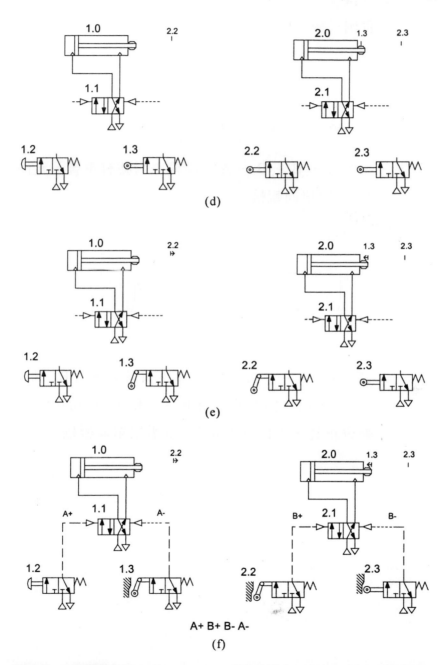

(d)

(e)

A+ B+ B- A-

(f)

圖 4.3　二個雙動缸 A ＋ B ＋ B － A －直覺法順序控制作單次往復運動(續)

實例三檢查信號重疊法則如下：

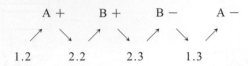

A ＋　　　B ＋　　　B －　　　A －

1.2　　　2.2　　　2.3　　　1.3

(手動鈕) (1.0 前端) (2.0 前端) (2.0 後端)

結果　本例 A ＋ B ＋ B － A －經檢查信號有重疊，元件 1.3、2.2 需用單向輥輪。

方法　運動順序寫兩遍：

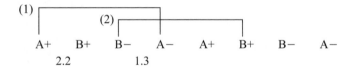

畫 A ＋、A －迴圈如(1)，B ＋信號會涵蓋 B －信號，元件 2.2 需用單向輥輪；畫 B －、B ＋迴圈如(2)，A －信號會涵蓋 A ＋信號，元件 1.3 需用單向輥輪。

實例三的控制信號—步驟圖可以參見圖 3.29 及圖 3.30。

◆實例四

　　二個雙動氣壓缸手動啓動、自動往復單次；運動順序爲 A＋A－B＋B－。

作法：

1. 由上而下繪出二個雙動氣壓缸、二個 4/2 方向閥、四個 3/2 方向閥，最左側 3/2 方向閥爲手動按鈕式操作，其餘 3/2 方向閥爲輥輪式操作。

2. 繪出氣壓供氣管路，連接各元件。

3. 元件命名方式同實例二。

4. 元件 1.2 爲啓動按鈕；元件 1.3、2.2、2.3 爲感測開關，需標示感測位置，標示位置法則如下：

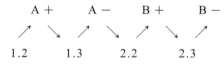

(手動鈕) (1.0 前端) (1.0 後端) (2.0 前端)

5. 本例 A＋A－B＋B－經檢查信號有重疊，元件 2.2 需用單向輥輪。

6. 經檢查元件無觸發(元件 2.2 已用單向輥輪)，並完成信號連接管路。

7. 確認迴路符合運動順序之要求。

　　實例四的作法及正確迴路，請參見圖 4.4。

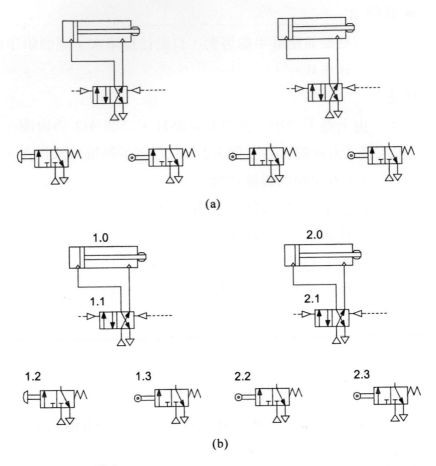

(a)

(b)

圖4.4　二個雙動缸Ａ＋Ａ－Ｂ＋Ｂ－直覺法順序控制作單次往復運動

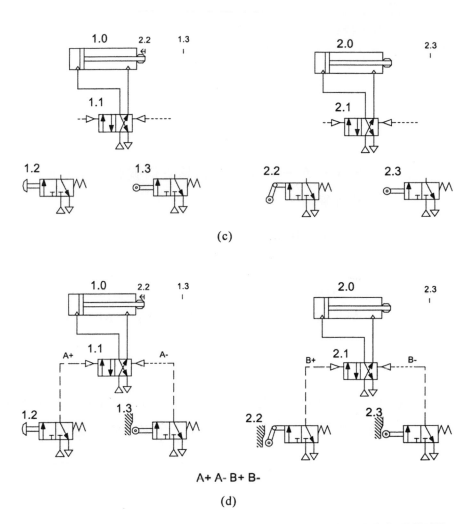

(c)

(d)

A+ A- B+ B-

圖 4.4　二個雙動缸 A ＋ A － B ＋ B －直覺法順序控制作單次往復運動(續)

實例四檢查信號重疊法則如下：

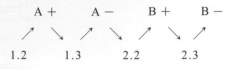

A+   A−   B+   B−

1.2   1.3   2.2   2.3

(手動鈕) (1.0 前端) (1.0 後端) (2.0 前端)

$\boxed{結果}$ 本例 A ＋ A － B ＋ B －經檢查信號有重疊，元件 2.2 需用單向輥輪。

$\boxed{方法}$ 運動順序寫兩遍：

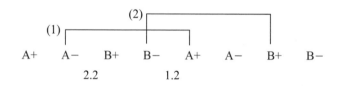

畫 A － 、A ＋ 迴圈如(1)，B ＋ 信號會涵蓋 B － 信號，元件 2.2 需用單向輥輪；畫 B － 、B ＋ 迴圈如(2)，A ＋ 信號會涵蓋 A － 信號，元件 1.2 改用手動按鈕即可。

◆ **實例五**

　　三個雙動氣壓缸手動啓動、自動往復單次；運動順序爲 A ＋ A － B ＋ C ＋ C － B － 。

作法：

1.　由上而下繪出三個雙動氣壓缸、三個 4/2 方向閥、六個 3/2 方向閥，最左側 3/2 方向閥爲手動按鈕式操作，其餘 3/2 方向閥爲輥輪式操作。

2.　繪出氣壓供氣管路，連接各元件。

3.　元件命名，由左至右：

雙動氣壓缸：1.0(A 氣壓缸)、2.0(B 氣壓缸)、

3.0(C 氣壓缸)

4/2 方向閥：1.1、2.1、3.1

3/2 方向閥：1.2、1.3、2.2、2.3、3.2、3.3

4.　元件 1.2 為啟動按鈕；元件 1.3、2.2、2.3、3.2、3.3 為感測開關，需標示感測位置，標示位置法則如下：

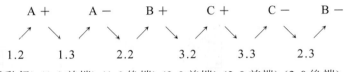

(手動鈕) (1.0 前端) (1.0 後端) (2.0 前端) (3.0 前端) (3.0 後端)

5.　本例 A ＋ A － B ＋ C ＋ C － B － 經檢查信號有重疊，元件 2.2、2.3、3.2 需用單向輥輪。

6.　經檢查元件無觸發(元件 2.2、2.3 已用單向輥輪)，並完成信號連接管路。

7.　確認迴路符合運動順序之要求。

實例五的作法及正確迴路，請參見圖 4.5。

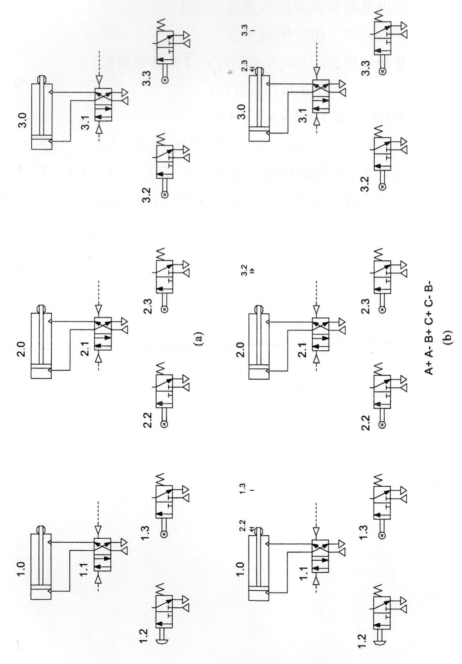

(a)

(b)

A+ A- B+ C+ C- B-

圖 4.5　三個雙動缸 A＋A－B＋C＋C－B－直覺法順序控制作單次往復運動

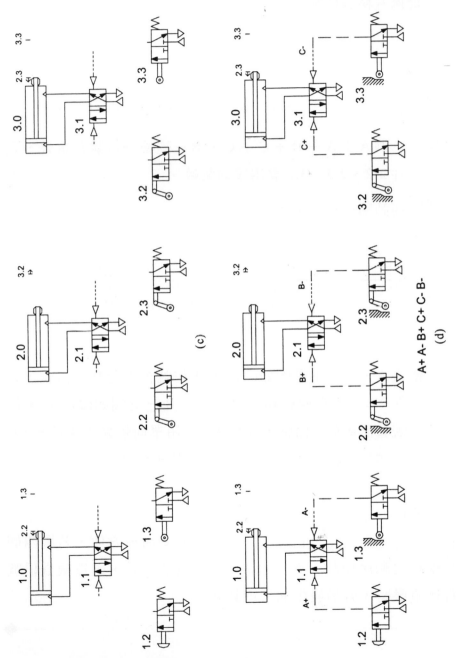

圖 4.5　三個雙動缸 A＋A－B＋C＋C－B －直覺法順序控制作單次往復運動(續)

實例五檢查信號重疊法則如下：

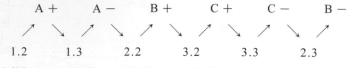

A+	A−	B+	C+	C−	B−
1.2	1.3	2.2	3.2	3.3	2.3

(手動鈕) (1.0前端) (1.0後端) (2.0前端) (3.0前端) (3.0後端)

結果 本例 A＋A－B＋C＋C－B－經檢查信號有重疊，元件 2.2、2.3、3.2 需用單向輥輪。

方法 運動順序寫兩遍：

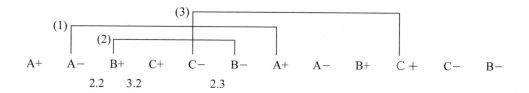

畫 A－、A＋迴圈如(1)，B＋信號會涵蓋 B－信號，元件 2.2 需用單向輥輪；畫 B＋、B－迴圈如(2)，C＋信號會涵蓋 C－信號，元件 3.2 需用單向輥輪；畫 C－、C＋迴圈如(3)，B－信號會涵蓋 B＋信號，元件 2.3 需用單向輥輪。

實例五 A＋A－B＋C＋C－B－屬三個氣壓缸之順序控制，類似迴路尚有五組以上，使用直覺法尚稱方便，若屬四個氣壓缸之順序控制，筆者建議不用直覺法為宜，因為檢查信號有無重疊時，容易發生漏失或錯誤。

練習題(homework)

　　使用直覺法繪製符合下列運動順序的迴路圖。

1. A＋B－A－B＋
2. A＋B＋C＋C－B－A－
3. A＋A－B＋B－C＋C－
4. A＋B＋C＋A－B－C－
5. A＋A－C＋B＋C－B－
6. A＋B＋B－C＋C－A－
7. A＋B＋A－C＋B－C－
8. A＋B＋C＋D＋A－B－C－D－(可省略)
9. A＋B＋C＋A－D＋B－D－C－(可省略)

4.2 串級法(cascade control method)

　　本法適用在有信號重疊的順序控制迴路，即直覺法中需使用單向輥輪的情況下，可以免除判斷何處需使用單向輥輪的困擾；使用時，迴路中元件使用英文字母命名。

迴路設計步驟

1. 將運動順序適當分級，並以最少級別為佳，此乃串級法之特色及要求。切忌將同一方向控制閥的兩訊號輸入代號分在同一級別。
2. 依級別繪出分級管路(或電路，另闢篇幅詳述)。

3. 依氣液壓架構由上而下，繪出需用的氣液壓缸及控制閥並適當擺置。

4. 氣液壓缸使用英文大寫字母命名，同時標示信號元件之信號感測位置。方向控制閥並標示訊號輸入代號。

5. 依分級決定信號元件之擺置位置，並使用英文字母同時下標數字標示。此處可使用邏輯方程式輔助控制迴路的繪製。

　　　步驟 1、2、4、5 爲串級法之重點，稍後將以實例詳細解說。

6. 繪出氣液壓供能管路，連接各元件。

7. 決定信號元件是否觸發，並完成信號連接管路。

8. 最後務必檢查及模擬，確認迴路符合運動順序之要求。

分級管路

　　分級管路乃串級法之特色，爲利用 4/2、5/2 方向閥作爲級別狀態記憶閥，其功能如同電氣迴路的繼電器，常用的有二級、三級，二級使用一個級別狀態記憶閥，三級使用二個級別狀態記憶閥，因級別越多使用越多級別狀態記憶閥，因此四級以上不建議使用本法。

　　常用的二級、三級、四級分級管路，請參見圖 4.6。

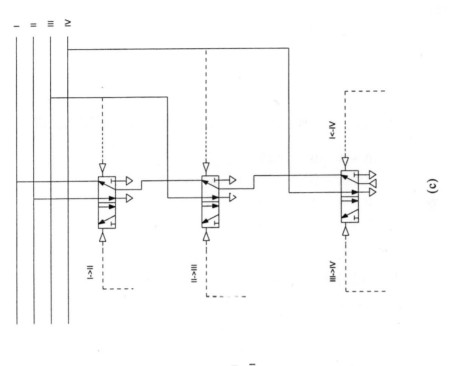

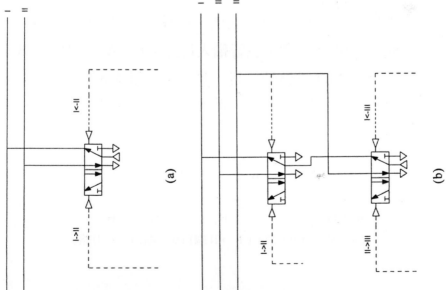

圖 4.6　串級法分級管路

◆ 實例一

二個雙動氣壓缸手動啟動、自動往復單次；運動順序為 A＋B＋A－B－。

作法：

1. 將運動順序A＋B＋A－B－適當分級，最少級別為二級。

   A＋/B＋/A－/B－　四級
   A＋B＋/A－/B－　三級；A＋/B＋A－/B－　三級
   A＋/B＋/A－B－　三級
   A＋B＋/A－B－　二級
   　　　I　　　　　II

2. 繪出二級分級管路。

3. 由上而下繪出二個雙動氣壓缸、二個5/2方向閥。
   另有四個3/2方向閥擺置位置未定。

4. 元件命名，由左至右：
   雙動氣壓缸：A、B；並標示信號感測開關位置
   5/2方向閥：只標示訊號輸入代號A＋、A－、B＋、B－

5. 元件START為啟動按鈕，是手動按鈕式3/2方向閥；元件A_0、A_1、B_0、B_1為感測開關，需決定擺置位置，法則如下：

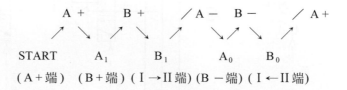

$$A＋　　　B＋　　　／A－　　B－　　　／A＋$$

$$START　　　A_1　　　B_1　　　A_0　　　B_0$$

（A＋端）　（B＋端）（I→II端）（B－端）（I←II端）

邏輯方程式：

$A + = I \cdot START$　　　$A - = II$

$B + = I \cdot A_1$　　　　$B - = II \cdot A_0$

$I \rightarrow II = I \cdot B_1$　　　$II \rightarrow I = II \cdot B_0$

6.　繪出氣壓供氣管路，連接各元件。

7.　經檢查元件 A_0、B_0 有觸發，並完成信號連接管路。

8.　確認迴路符合運動順序之要求。

　實例一的作法及正確迴路，請參見圖 4.7。

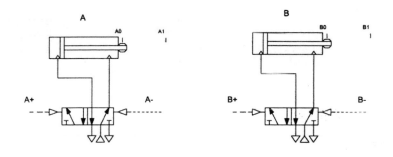

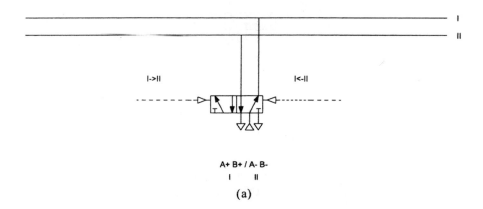

(a)

圖 4.7　二個雙動缸 A ＋ B ＋/A －B －串級法順序控制作單次往復運動

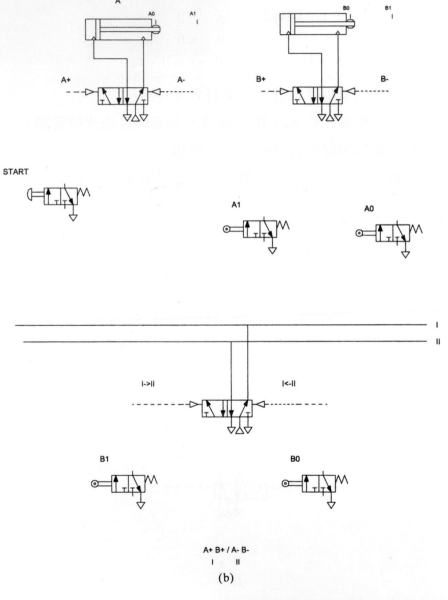

(b)

圖 4.7 二個雙動缸 A ＋ B ＋/A － B －串級法順序控制作單次往復運動(續)

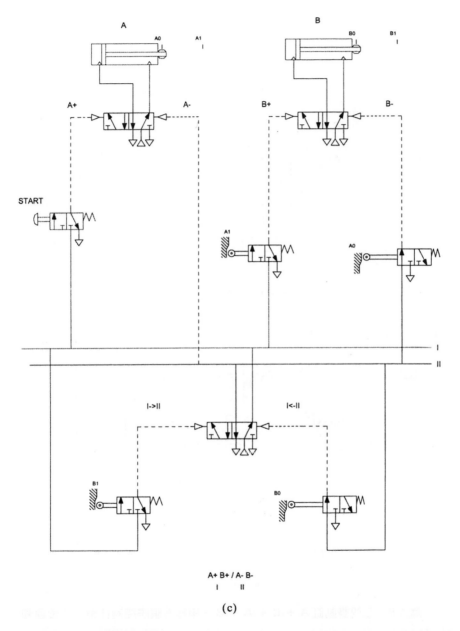

(c)

圖 4.7　二個雙動缸 A ＋ B ＋/A － B －串級法順序控制作單次往復運動(續)

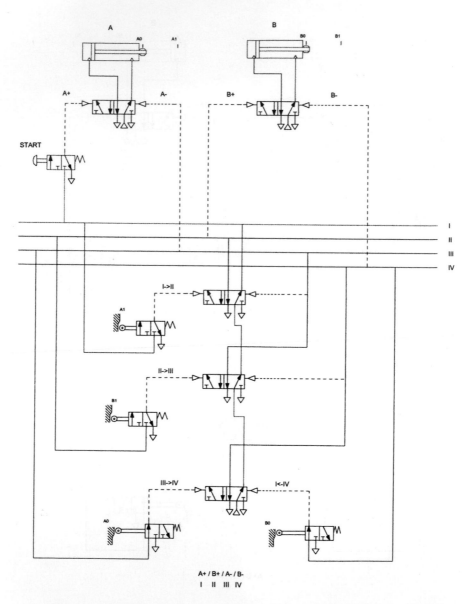

圖 4.8　二個雙動缸 A ＋/B ＋/A －/B －串級法順序控制作單次往復運動

　　若將本例以 A ＋/B ＋/A －/B －四級方式，繪製正確控制迴路如圖 4.8，稍加比較二個迴路的複雜度，便可了解為何串級法要規定以最少級別為佳的原因。

━━━━━━━━━━━━━━━━━━━━━━━━━━━━◆

◆ 實例二

　　二個雙動氣壓缸手動啟動、自動往復單次；運動順序為 A ＋ B ＋ B － A － 。

作法：

1.　將運動順序 A ＋ B ＋ B － A － 適當分級，最少級別為二級。

> A ＋/B ＋/B －/A －　　四級
> A ＋ B ＋/B －/A －　　三級 ；A ＋/B ＋/B － A －　　二級
> A ＋ B ＋/B － A －　　二級
> 　　　I　　　　　II

2.　繪出二級分級管路。

3.　由上而下繪出二個雙動氣壓缸、二個 5/2 方向閥。
　　另有四個 3/2 方向閥擺置位置未定。

4.　元件命名，由左至右：
　　雙動氣壓缸：A、B；並標示信號感測開關位置
　　5/2 方向閥：只標示訊號輸入代號 A ＋、A －、B ＋、B －

5.　元件 START 為啟動按鈕，是手動按鈕式 3/2 方向閥；元件 A_0、A_1、B_0、B_1 為感測開關，需決定擺置位置，法則如下：

$$A+ \quad\quad B+ \quad\quad /B- \quad\quad A- \quad\quad /A+$$

```
  ↗     ↘   ↗     ↘   ↗     ↘   ↗     ↘   ↗
START        A₁        B₁        B₀        A₀
```

$$START \qquad A_1 \qquad B_1 \qquad B_0 \qquad A_0$$

（A＋端）（B＋端）（Ⅰ→Ⅱ端）（B－端）（Ⅰ←Ⅱ端）

邏輯方程式：

$$A+ = I \cdot START \qquad B- = II$$
$$B+ = I \cdot A_1 \qquad\quad A- = II \cdot B_0$$
$$I \rightarrow II = I \cdot B_1 \qquad II \rightarrow I = II \cdot A_0$$

6. 繪出氣壓供氣管路，連接各元件。

7. 經檢查元件 A_0、B_0 有觸發，並完成信號連接管路。

8. 確認迴路符合運動順序之要求。

實例二的作法及正確迴路，請參見圖4.9。

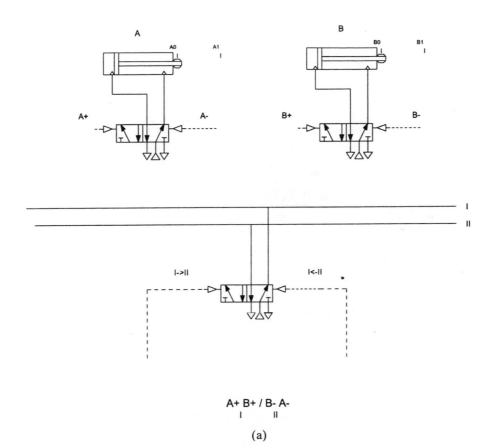

A+ B+ / B- A-
　I　　　II

(a)

圖 4.9　二個雙動缸 A ＋ B ＋/B － A －串級法順序控制作單次往復運動

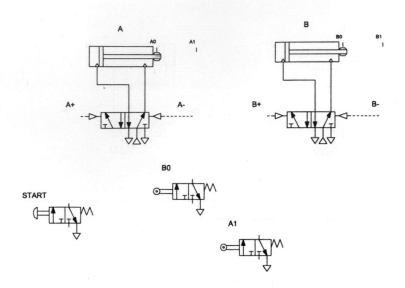

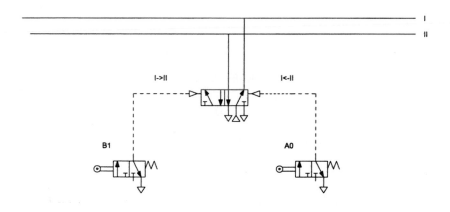

A+ B+ / B- A-
　I　　　II

(b)

圖 4.9　二個雙動缸 A＋B＋/B－A－串級法順序控制作單次往復運動(續)

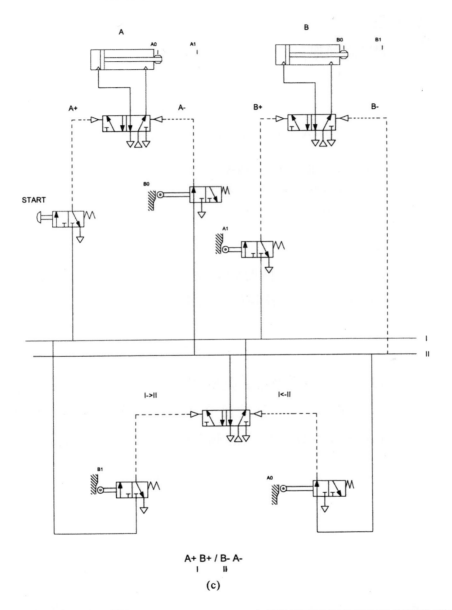

A+ B+ / B- A-
 I   II

(c)

圖4.9　二個雙動缸 A ＋ B ＋/B － A －串級法順序控制作單次往復運動(續)

◆ 實例三

　　二個雙動氣壓缸手動啓動、自動往復單次；運動順序爲
A＋A－B＋B－。

作法：

1. 將運動順序A＋A－B＋B－適當分級，最少級別爲三級。

      A＋/A－/B＋/B－　四級

      A＋/A－B＋/B－　三級

      I　　II　　III

2. 繪出三級分級管路。

3. 由上而下繪出二個雙動氣壓缸、二個 5/2 方向閥，另有
四個3/2方向閥擺置位置未定。

4. 元件命名，由左至右：

雙動氣壓缸：A、B；並標示信號感測開關位置

5/2方向閥：只標示訊號輸入代號A＋、A－、B＋、B－

5. 元件START爲啓動按鈕，是手動按鈕式 3/2 方向閥；元
件A_0、A_1、B_0、B_1爲感測開關，需決定擺置位置，法則
如下：

$$A + \quad\quad / A - \quad\quad B + \quad\quad / B - \quad\quad / A +$$

START　　　　A_1　　　　A_0　　　　B_1　　　　B_0

（A＋端）（I→II端）　（B＋端）（II→III端）（I←III端）

邏輯方程式：

$A + = I \cdot START$	$A - = II$	$B - = III$
$I \rightarrow II = I \cdot A_1$	$B + = II \cdot A_0$	$III \rightarrow I = III \cdot B_0$
	$II \rightarrow III = II \cdot B_1$	

6. 繪出氣壓供氣管路，連接各元件。

7. 經檢查元件 A_0、B_0 有觸發，並完成信號連接管路。

8. 確認迴路符合運動順序之要求。

　實例三的作法及正確迴路，請參見圖 4.10。

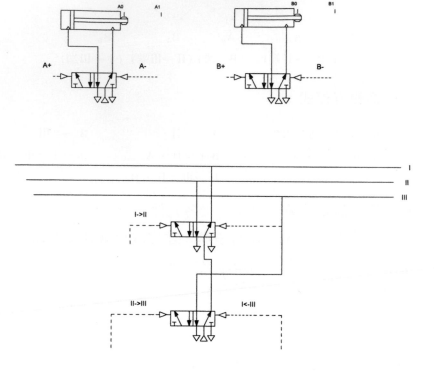

(a)

圖 4.10 二個雙動缸 Ａ＋/Ａ－Ｂ＋/Ｂ－串級法三級順序控制作單次往復運動

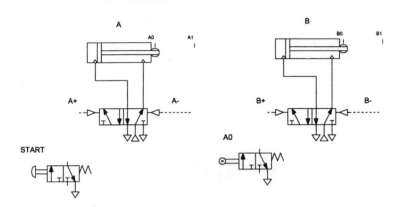

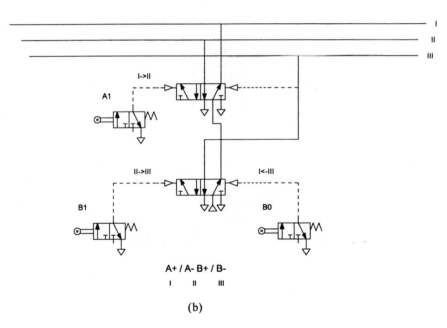

(b)

圖 4.10 二個雙動缸 A＋/A－B＋/B－串級法三級順序控制作單次往復運動(續)

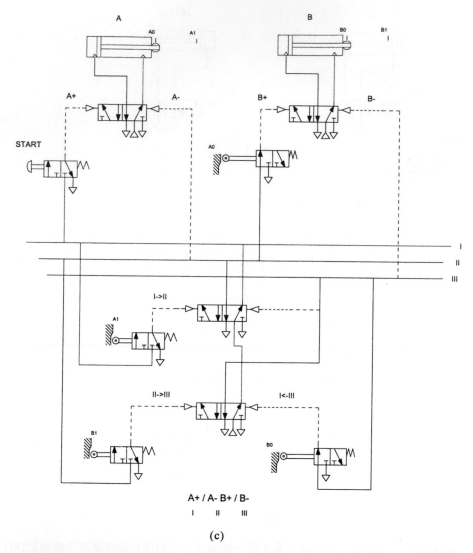

(c)

圖 4.10　二個雙動缸 A＋/A － B＋/B －串級法三級順序控制作單次往復運動(續)

◆實例四

　　三個雙動氣壓缸手動啓動、自動往復單次；運動順序爲 A ＋ A － B ＋ C ＋ C － B － 。

作法：

1. 將運動順序 A ＋ A － B ＋ C ＋ C － B － 適當分級，最少級別爲三級。

　　　　A ＋/A － B ＋ C ＋/C － B －　三級
　　　　　I　　　　II　　　　III

2. 繪出三級分級管路。

3. 由上而下繪出三個雙動氣壓缸、三個 5/2 方向閥，另有六個 3/2 方向閥擺置位置未定。

4. 元件命名，由左至右：

　　雙動氣壓缸：A、B、C；並標示信號感測開關位置

　　5/2 方向閥：只標示訊號輸入代號 A ＋、A －、B ＋、

　　　　　　　　　　B －、C ＋、C －

5. 元件START為啓動按鈕，是手動按鈕式 3/2 方向閥；元件 A_0、A_1、B_0、B_1、C_0、C_1 為感測開關，需決定擺置位置，法則如下：

$$A+\quad／A-\quad B+\quad C+\quad／C-\quad B-\quad／A+$$

$$\text{START}\quad A_1\quad A_0\quad B_1\quad C_1\quad C_0\quad B_0$$

(A＋端)(I→II端)(B＋端)(C＋端)(II→III端)(B－端)(I←III端)

邏輯方程式：

$A+=I \cdot START$	$A-=II$	$C-=III$
$I \to II=I \cdot A_1$	$B+=II \cdot A_0$	$B-=III \cdot C_0$
	$C+=II \cdot B_1$	$III \to I=III \cdot B_0$
	$II \to III=II \cdot C_1$	

6. 繪出氣壓供氣管路，連接各元件。

7. 經檢查元件 A_0、B_0、C_0 有觸發，並完成信號連接管路。

8. 確認迴路符合運動順序之要求。

實例四的作法及正確迴路，請參見圖 4.11。

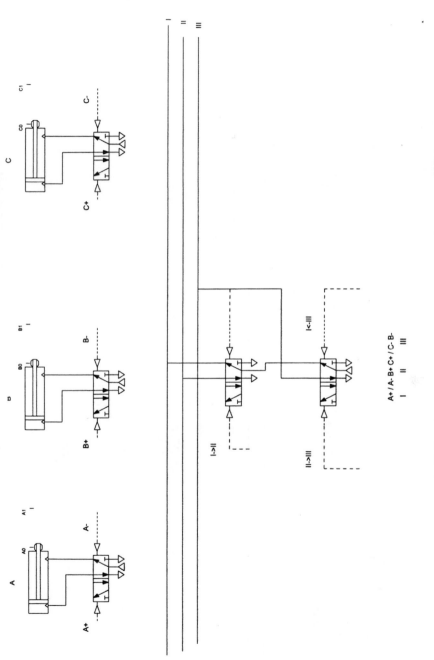

圖 4.11　三個雙動缸 A +/A − B + C +/C − B − 三級順序控制作單次往復運動

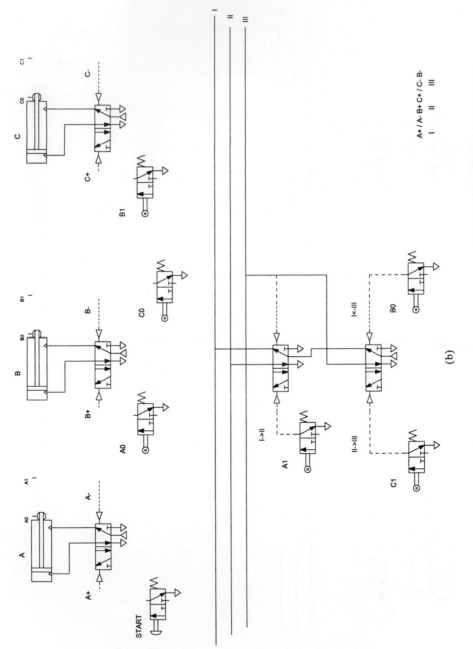

圖 4.11　三個雙動缸 A＋/A－B－B＋C＋/C－B－三級順序控制作單次往復運動（續）

(b)

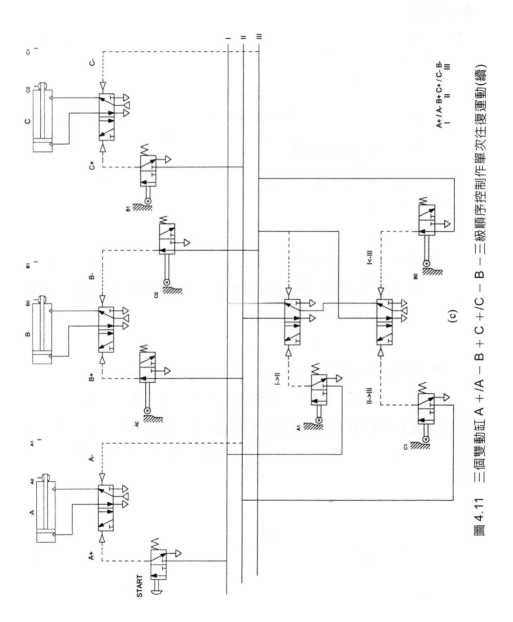

圖 4.11　三個雙動缸 A＋/A－B＋C＋/C－B－三級順序控制作單次往復運動（續）

◆ 實例五

　　將實例三：運動順序為 A＋A－B＋B－以二級級別完成
順序控制迴路。

作法：

1. 將運動順序A＋A－B＋B－適當分級並減一級(降級)，
   可得更簡單的迴路。

   A＋/A－B＋/B－　三級
   A＋/A－B＋/B－　二級
   　I　　II　　I

2. 繪出二級分級管路。

3. 由上而下繪出二個雙動氣壓缸、二個 5/2 方向閥。另有
   四個3/2方向閥擺置位置未定。

4. 元件命名，由左至右：
   雙動氣壓缸：A、B；並標示信號感測開關位置
   5/2方向閥：只標示訊號輸入代號A＋、A－、B＋、B－

5. 元件START為啟動按鈕，是手動按鈕式3/2方向閥；元
   件A_0、A_1、B_0、B_1為感測開關，需決定擺置位置，法則
   如下：

$$\begin{array}{ccccccccc}
& A+ & & A- & B+ & & B- & & A+ \\
\nearrow & & \searrow \quad \nearrow & & & \searrow \quad \nearrow & & \searrow \quad \nearrow \\
\text{START} & & A_1 & & A_0 & & B_1 & & B_0
\end{array}$$

(A ＋ 端) (I →II 端) (B ＋ 端) (I ←II 端) (A ＋ 端)

邏輯方程式：

B $-$ = I	A $-$ = II
A $+$ = I · START · B_0	B $+$ = II · A_0
I $\rightarrow$ II = I · A_1	II $\rightarrow$ I = II · B_1

6. 繪出氣壓供氣管路，連接各元件。

7. 經檢查元件 A_0、B_0 有觸發，並完成信號連接管路。

8. 確認迴路符合運動順序之要求。

實例五的作法及正確迴路，請參見圖 4.12。

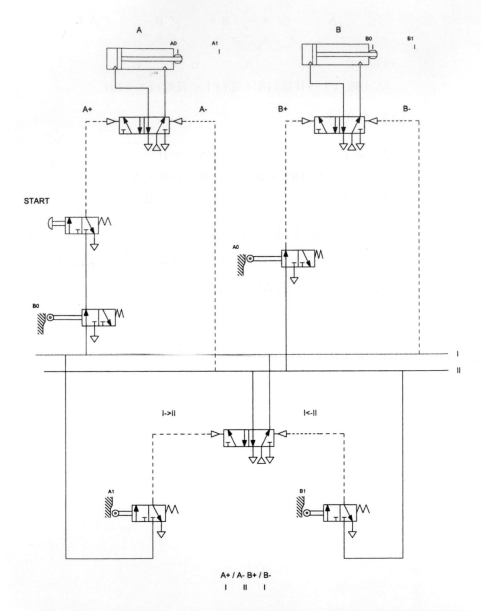

圖 4.12　二個雙動缸 A＋/A－ B＋/B－串級法二級順序控制作單次往復運動

請比較圖 4.10 及圖 4.12 之差異，應可了解以最少級別為佳的真意了。

◆ **實例六**

將實例四：運動順序為 A ＋ A － B ＋ C ＋ C － B －以二級級別完成順序控制迴路。

作法：

1. 將運動順序 A ＋ A － B ＋ C ＋ C － B －適當分級並減一級(降級)，可得更簡單的迴路。

$$A+/A-B+C+/C-B- \quad 三級$$
$$A+/A-B+C+/C-B- \quad 二級$$
$$\text{I} \qquad \text{II} \qquad \text{I}$$

2. 繪出二級分級管路。

3. 由上而下繪出三個雙動氣壓缸、三個 5/2 方向閥，另有六個 3/2 方向閥擺置位置未定。

4. 元件命名，由左至右：

雙動氣壓缸：A、B、C；並標示信號感測開關位置

5/2 方向閥：只標示訊號輸入代號 A ＋、A －、B ＋、
  B －、C ＋、C －

5. 元件START為啓動按鈕，是手動按鈕式3/2方向閥；元件 A_0、A_1、B_0、B_1、C_0、C_1 為感測開關，需決定擺置位置，法則如下：

$$A+ \quad / A- \quad B+ \quad C+ \quad / C- \quad B- \quad / A+$$

$$\text{START} \quad A_1 \quad A_0 \quad B_1 \quad C_1 \quad C_0 \quad B_0$$

(A＋端) (I →II端) (B＋端) (C＋端) (I ←II端) (B-端) (A＋端)

邏輯方程式：

$$C- = I \qquad\qquad A- = II$$
$$B- = I \cdot C_0 \qquad\qquad B+ = II \cdot A_0$$
$$A+ = I \cdot START \cdot B_0 \qquad\qquad C+ = II \cdot B_1$$
$$I \rightarrow II = I \cdot A_1 \qquad\qquad II \rightarrow I = II \cdot C_1$$

6. 繪出氣壓供氣管路，連接各元件。

7. 經檢查元件 A_0、B_0、C_0 有觸發，並完成信號連接管路。

8. 確認迴路符合運動順序之要求。

實例六的作法及正確迴路，請參見圖4.13。

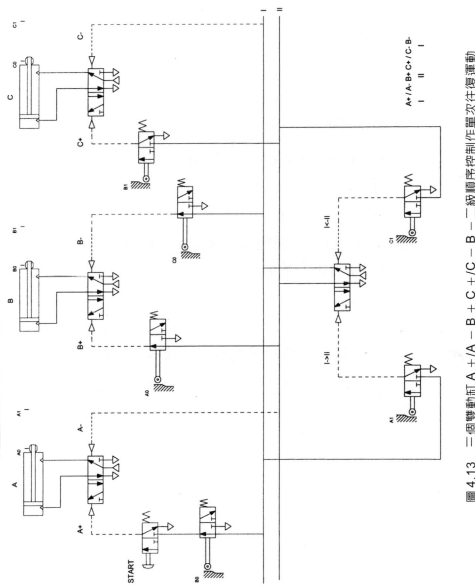

圖 4.13　三個雙動缸 A + /A － B ＋ C ＋ /C － B － 二級順序控制作單次往復運動

◆ **實例七**

　　三個雙動氣壓缸手動啟動、自動往復單次；運動順序為
A＋A－C＋B＋C－B－。

作法：

　1.　將運動順序A＋A－C＋B＋C－B－適當分級，最少
　　　級別為三級。

$$A+/A-C+B+/C-B-　三級$$
$$\text{I}\qquad\text{II}\qquad\text{III}$$

　2.　繪出三級分級管路。

　3.　由上而下繪出三個雙動氣壓缸、三個 5/2 方向閥，另有
　　　六個 3/2 方向閥擺置位置未定。

　4.　元件命名，由左至右。
　　　雙動氣壓缸：A、B、C；並標示信號感測開關位置
　　　5/2 方向閥：只標示訊號輸入代號A＋、A－、B＋、
　　　　　　　　　　 B－、C＋、C－

5.　元件 START 爲啓動按鈕，是手動按鈕式 3/2 方向閥；元件 A_0、A_1、B_0、B_1、C_0、C_1 爲感測開關，需決定擺置位置，法則如下：

$$
\begin{array}{ccccccccccccc}
A+ & & A- & C+ & & B+ & & C- & & B- & & A+ \\
\nearrow & \searrow \nearrow & & \searrow \nearrow & & \searrow \nearrow & & \searrow \nearrow & & \searrow \nearrow & & \\
START & & A_1 & A_0 & & C_1 & & B_1 & & C_0 & & B_0
\end{array}
$$

(A＋端)　(Ⅰ→Ⅱ端)　(B＋端)　(C＋端)　(Ⅱ→Ⅲ端)　(B－端)　(Ⅰ←Ⅲ端)

邏輯方程式：

$A+=Ⅰ \cdot START$	$A-=Ⅱ$	$C-=Ⅲ$
$Ⅰ→Ⅱ=Ⅰ \cdot A_1$	$C+=Ⅱ \cdot A_0$	$B-=Ⅲ \cdot C_0$
	$B+=Ⅱ \cdot C_1$	$Ⅲ→Ⅰ=Ⅲ \cdot B_0$
	$Ⅱ→Ⅲ=Ⅱ \cdot B_1$	

6.　繪出氣壓供氣管路，連接各元件。

7.　經檢查元件 A_0、B_0、C_0 有觸發，並完成信號連接管路。

8.　確認迴路符合運動順序之要求。

　實例七的作法及正確迴路，請參見圖 4.14。

　實例七改用降二級的作法及正確迴路，請參見圖 4.15。

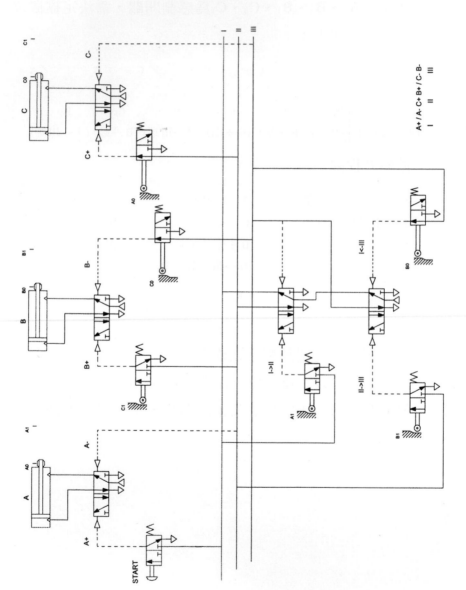

圖 4.14　三個雙動缸 A＋/A－C＋B＋/C－B－三級順序控制作單次往復運動

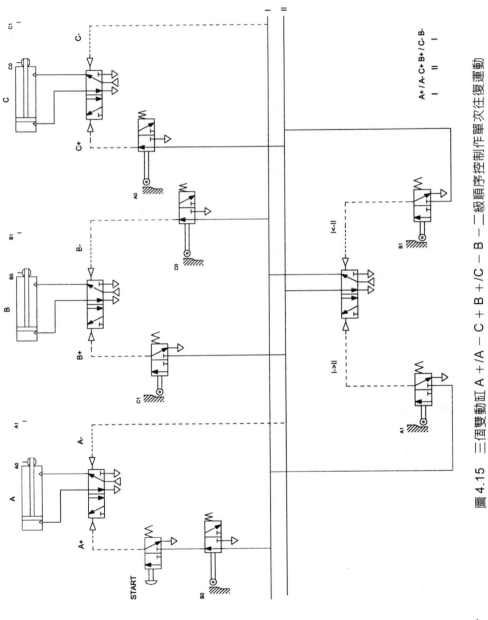

圖 4.15　三個雙動缸 A＋/A－C＋B＋/C－B－二級順序控制作單次往復運動

◆ 實例八

三個雙動氣壓缸手動啓動、自動往復單次；運動順序爲 A＋B＋B－C＋C－A－。

作法：

1. 將運動順序 A＋B＋B－C＋C－A－適當分級，最少級別爲三級。

   A＋B＋/B－C＋/C－A－　三級
   　　 I 　　　 II 　　　　 III

2. 繪出三級分級管路。

3. 由上而下繪出三個雙動氣壓缸、三個 5/2 方向閥，另有六個 3/2 方向閥擺置位置未定。

4. 元件命名，由左至右：

   雙動氣壓缸：A、B、C；並標示信號感測開關位置

   5/2 方向閥：只標示訊號輸入代號 A＋、A－、B＋、

   　　　　　　　　B－、C＋、C－

5.　元件 START 爲啓動按鈕，是手動按鈕式 3/2 方向閥；元件 A_0、A_1、B_0、B_1、C_0、C_1 爲感測開關，需決定擺置位置，法則如下：

$$A+ \qquad B+ \qquad /B- \quad C+ \qquad /C- \quad A- \qquad /A+$$
$$\nearrow \quad \searrow \quad \nearrow \quad \searrow \quad \nearrow \quad \searrow \quad \nearrow \quad \searrow \quad \nearrow \quad \searrow \quad \nearrow$$

START　　　　A_1　　　　B_1　　　　B_0　　　　C_1　　　　C_0　　　　A_0

（A＋端）（B＋端）（Ⅰ→Ⅱ端）（C＋端）（Ⅱ→Ⅲ端）（A－端）（Ⅰ←Ⅲ端）

邏輯方程式：

$A+ = Ⅰ \cdot START$	$B- = Ⅱ$	$C- = Ⅲ$
$B+ = Ⅰ \cdot A_1$	$C+ = Ⅱ \cdot B_0$	$A- = Ⅲ \cdot C_0$
$Ⅰ→Ⅱ = Ⅰ \cdot B_1$	$Ⅱ→Ⅲ = Ⅱ \cdot C_1$	$Ⅲ→Ⅰ = Ⅲ \cdot A_0$

6.　繪出氣壓供氣管路，連接各元件。

7.　經檢查元件 A_0、B_0、C_0 有觸發，並完成信號連接管路。

8.　確認迴路符合運動順序之要求。

實例八的作法及正確迴路，請參見圖 4.16。

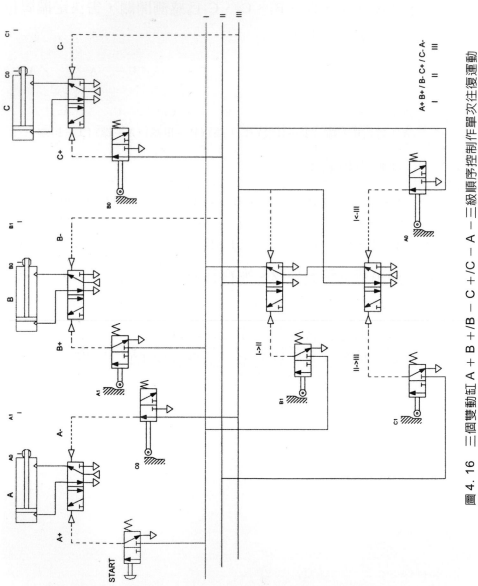

圖 4.16　三個雙動缸 A＋B＋/B－C＋/C－A－三級順序控制/作單次往復運動

◆ **實例九**

二軸氣壓手臂含一氣壓夾爪，手動啟動、自動往復單次；運動順序為 A ＋ C ＋ A － B ＋ A ＋ C － A － B －，A 為 Y 軸、B 為 X 軸、C 為夾爪。

作法：

1. 將運動順序 A ＋ C ＋ A － B ＋ A ＋ C － A － B － 適當分級，最少級別為四級。

    A ＋/C ＋ A － B ＋/A ＋/C － A － B －　　四級
    　 I　　　　 II　　　 III　　　　IV

2. 繪出四級分級管路。

3. 由上而下繪出三個雙動氣壓缸、三個 5/2 方向閥，另有六個 3/2 方向閥擺置位置未定。

4. 元件命名，由左至右：

    雙動氣壓缸：A、B、C；並標示信號感測開關位置

    5/2 方向閥：只標示訊號輸入代號 A ＋、A －、B ＋、

    　　　　　　 B －、C ＋、C －

5. 元件START為啓動按鈕，是手動按鈕式 3/2 方向閥；元件 A_0、A_1、B_0、B_1、C_0、C_1 為感測開關，需決定擺置位置，法則如下：

$$
\begin{array}{ccccccccc}
A+ & /C+ & A- & B+ & /A+ & /C- & A- & B- & /A+ \\
\nearrow \searrow & \nearrow \searrow & \nearrow \searrow & \nearrow \searrow & \nearrow \searrow & \nearrow \searrow & \nearrow \searrow & \nearrow \searrow & \nearrow \searrow
\end{array}
$$

START　　A_1　　　C_1　　　A_0　　　B_1　　　A_1　　　C_1　　　A_0　　　B_0

(A＋端) (I→II端) (A－端)　(B＋端) (II→III端) (III→IV端) (A－端) (B－端) (I←IV端)

邏輯方程式：

$A+=I \cdot START$	$C+=II$	$A+=III$	$C-=IV$
$I \rightarrow II = I \cdot A_1$	$A-=II \cdot C_1$	$III \rightarrow IV = III \cdot A_1$	$A-=IV \cdot C_0$
	$B+=II \cdot A_0$		$B-=IV \cdot A_0$
	$II \rightarrow III = II \cdot B_1$		$IV \rightarrow I = IV \cdot B_0$

整理上列邏輯方程式 $A+=I \cdot START+III$

$$A-=II \cdot C_1+IV \cdot C_0$$

6. 繪出氣壓供氣管路，連接各元件。

7. 經檢查元件 A_0、B_0、C_0 有觸發，並完成信號連接管路。

8. 確認迴路符合運動順序之要求。

實例九的作法及正確迴路，請參見圖4.17。

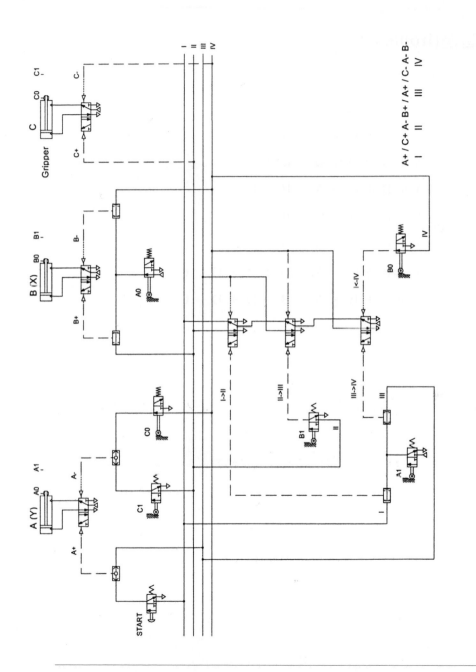

圖 4.17　三個雙動缸 A＋/C＋A－B＋/A＋/C－A－B－順序控制作單次往復運動

練習題(homework)

使用串級法繪製符合下列運動順序的迴路圖。

1. A＋B－A－B＋

2. A＋B＋C＋C－B－A－

3. A＋A－B＋B－C＋C－

4. A＋B＋C＋A－B－C－

5. A＋B＋A－C＋B－C－

6. A＋B＋C＋D＋A－B－C－D－

7. A＋B＋C＋A－D＋B－D－C－

8. A＋C＋B＋A－B－D＋D－C－

● 第四章　　重點複習(review)

4.1

1.　直覺法迴路設計法則

2.　直覺法迴路設計步驟

3.　直覺法中感測開關的擺置位置如何決定

4.　檢查信號重疊法則及如何使用單向輥輪

5.　各實例的作法及正確迴路的繪製

4.2

6.　串級法迴路設計法則

7.　串級法迴路設計步驟

8.　串級法標準分級管路(分級電路，另於第六章詳述)

9.　運動順序以最少級別適當分級的意義

10.　串級法中感測開關的擺置位置如何決定

11.　善用邏輯方程式

12.　串級法降一級迴路的意義及用法

13.　各實例的作法及正確迴路的繪製

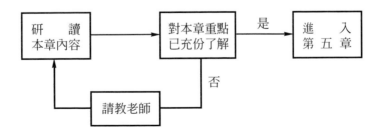

基本電氣迴路

設計氣液壓控制電路前，要先認識一些簡單的基本電氣迴路，熟悉基本迴路的用法及常用電氣元件的使用方式，本章先介紹一些常用的電氣元件及基本氣液壓電氣迴路。

5.1 氣液壓基本電氣元件

1. 按鈕開關(push-button switch)：

　　使用人的手操作，按鈕使開關切換接點狀態，來進行信號控制。

(1) 按鈕開關 a 接點(normal-open type)，符號如下：

PB1

(2) 按鈕開關 b 接點(normal-close type)，符號如下：

PB2

2. 極限開關(limit switch)：

利用致動器碰觸或接近作動，使開關切換接點狀態，來進行信號控制。

(1) 機械式極限開關，符號如下：

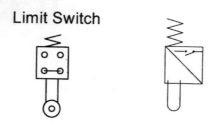

磁電式極限開關(近接開關)，符號如下：

(2) 極限開關 a 接點(NO type)，符號如下：

(3) 極限開關 b 接點(NC type)，符號如下：

3. 計數器(counter)：

計數器在電氣迴路的功用，為累計欲偵測特定信號發生的次數，並與設定次數比較，如果累計次數達到設定次數時，計數器立即輸出信號。

(1) 向上計數器，計數由零往設定次數累加，符號如下：

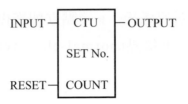

(2) 向下計數器，計數由設定次數往零遞減，符號如下：

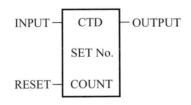

4. 繼電器(relay)：

繼電器在電氣迴路的功用，主要作為狀態記憶之用，利用繼電器電磁線圈的激磁與消磁，切換接點開關的狀態，來進行信號控制。

(1) 繼電器電磁線圈，符號如下：

電磁線圈當通電時激磁，當斷電時立即消磁。

(2)　繼電器 a 接點(normal-open type)，符號如下：

RELAY1

　　當線圈激磁後，a 接點立即切換成通路。

　　當線圈消磁後，a 接點立即恢復成斷路。

(3)　繼電器 b 接點(normal-close type)，符號如下：

RELAY2

　　當線圈激磁後，b 接點立即切換成斷路。

　　當線圈消磁後，b 接點立即恢復成通路。

(4)　繼電器上升信號(激磁信號)接點，符號如下：

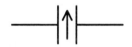

　　當繼電器線圈激磁時，接點瞬間接通並即切斷。

(5)　繼電器下降信號(消磁信號)接點，符號如下：

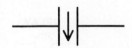

　　當繼電器線圈消磁時，接點瞬間接通並即切斷。

在電氣迴路中經常使用的自我保持迴路，請見下圖：

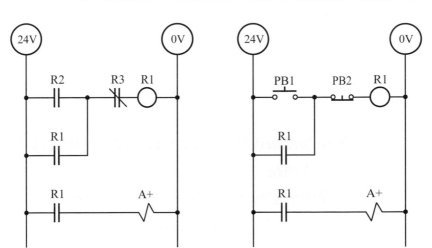

右圖為利用按鈕開關接點控制的自保迴路，也可改用極限開關接點控制，一般使用於直覺法的電氣迴路中，在下一節中會介紹。

左圖為利用繼電器接點控制的自保迴路，多使用於串級法的電氣迴路中，在第六章中會介紹。

5.　計時器(timer)：

計時器在電氣迴路的功用，為計算欲偵測特定信號的啟動秒數，並與設定秒數比較，如果計算秒數達到設定秒數時，計時器接點開關立即切換；計時器接點開關也區分為a接點、b接點，用法與繼電器接點開關相同。

(1)　計時器電磁線圈，符號如下：

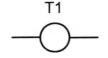

(2) 計時器a接點(normal-open type)，延時作動型，符號如下：

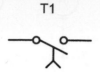

當線圈激磁後開始計時，到達設定時間之時，a 接點切換成通路。

當線圈消磁後，a接點立即恢復成斷路。

(3) 計時器b接點(normal-close type)，延時作動型，符號如下：

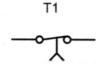

當線圈激磁後開始計時，到達設定時間之時，b 接點切換成斷路。

當線圈消磁後，b接點立即恢復成通路。

(4) 計時器a接點(NO type)，延時復歸型，符號如下：

當線圈激磁後，a接點立即切換成通路。

當線圈消磁後開始計時，到達設定時間之時，a 接點才恢復成斷路。

⑸　計時器 b 接點(NC type)，延時復歸型，符號如下：

當線圈激磁後，b 接點立即切換成斷路。

當線圈消磁後開始計時，到達設定時間之時，b 接點才恢復成通路。

6.　壓力開關：

壓力開關的功用，為偵測氣液壓迴路中的特定壓力信號，並與設定壓力比較，如果迴路中的特定壓力達到設定壓力時，壓力開關接點立即切換；壓力開關接點也區分為 a 接點、b 接點。

⑴　壓力開關，符號如下：

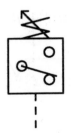

氣壓丙級檢定 990305(第 5 題)使用正壓壓力開關。

氣壓丙級檢定 990306(第 6 題)使用真空壓力開關。

(2) 壓力開關 a 接點(normal-open type)，符號如下：

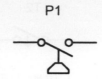

(3) 壓力開關 b 接點(normal-close type)，符號如下：

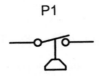

7. 電磁閥及電磁線圈(solenoid)：

(1) 電磁線圈符號如下：

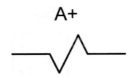

(2) 電磁閥符號如下：

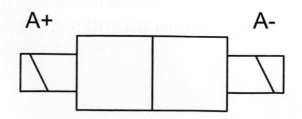

5.2　氣液壓基本電氣迴路

1.　一個雙動缸使用雙電磁頭 5/2 方向閥，手動控制作前進
後退運動。

動作說明：

手按PB1 鈕，A＋電磁頭激磁，1.1 閥切換左位，雙
動缸缸桿前進；手按PB2 鈕，A－電磁頭激磁，1.1 閥切
換右位，雙動缸缸桿後退。正確迴路請參見圖 5.1。

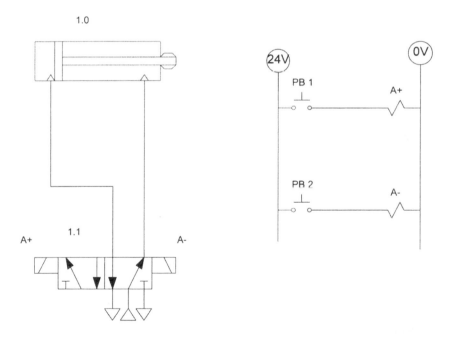

圖 5.1　一個雙動缸手動控制雙電磁閥電氣迴路作前進後退運動

2.　一個雙動缸使用雙電磁頭 5/2 方向閥，手動控制作單次
往復運動。

動作說明：

手按PB1鈕，A＋電磁頭激磁，1.1閥切換左位，雙
動缸缸桿前進；缸桿碰觸極限開關 A1，A －電磁頭激
磁，1.1閥切換右位，雙動缸缸桿後退。正確迴路請參見
圖 5.2。

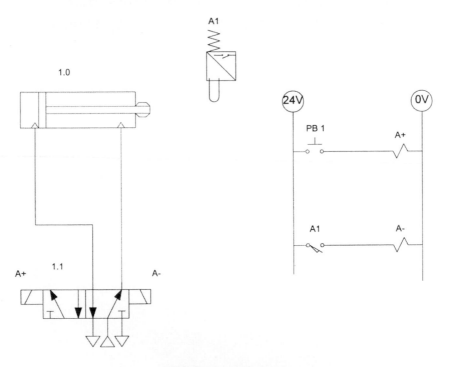

圖 5.2　一個雙動缸手動控制雙電磁閥電氣迴路作單次往復運動 A ＋ A －

3.　一個雙動缸使用單電磁頭彈簧回復 5/2 方向閥，手動控制作前進後退運動。

動作說明：

　　使用繼電器R1的自我保持電路，做為狀態記憶；手按PB1鈕，R1激磁並自我保持，A＋電磁頭激磁，1.1閥切換左位，雙動缸缸桿前進；手按PB2鈕，R1消磁並解除自保，A＋電磁頭消磁，1.1閥回復右位，雙動缸缸桿後退。正確迴路請參見圖5.3。

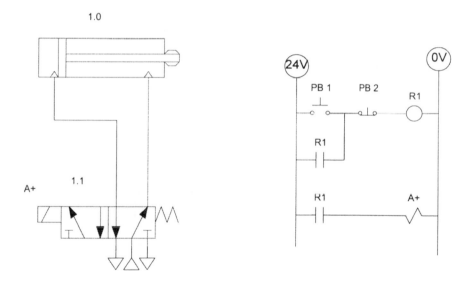

圖5.3　一個雙動缸手動控制單電磁閥電氣迴路作前進後退運動

4. 一個雙動缸使用單電磁頭彈簧回復 5/2 方向閥，手動控制作單次往復運動。

動作說明：

　　使用繼電器R1的自我保持電路，做為狀態記憶；手按PB1鈕，R1激磁並自我保持，A＋電磁頭激磁，1.1閥切換左位，雙動缸缸桿前進；缸桿碰觸極限開關A1，R1消磁並解除自保，A＋電磁頭消磁，1.1閥回復右位，雙動缸缸桿後退。正確迴路請參見圖5.4。

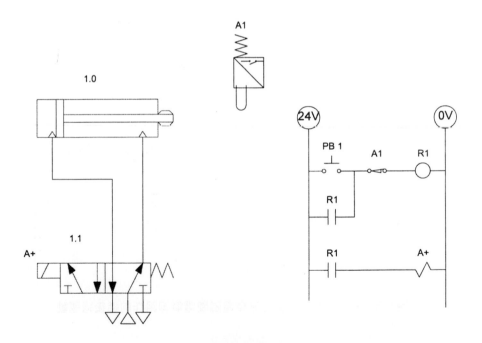

圖5.4　一個雙動缸手動控制單電磁閥電氣迴路作單次往復運動 A＋A－

5. 一個單動缸使用單電磁頭彈簧回復 3/2 方向閥，手動控
   制作單次往復運動。

   動作說明：

   　使用繼電器R1的自我保持電路，做爲狀態記憶；手
   按PB1鈕，R1激磁並自我保持，A＋電磁頭激磁，1.1閥
   切換左位，單動缸缸桿前進；缸桿碰觸極限開關A1，R1
   消磁並解除自保，A＋電磁頭消磁，1.1閥回復右位，單
   動缸缸桿後退。正確迴路請參見圖 5.5。

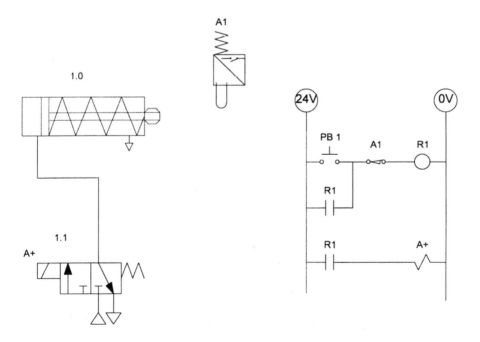

圖 5.5　一個單動缸手動控制單電磁閥電氣迴路作單次往復運動 A ＋ A －

6.　一個雙動缸使用雙電磁頭 5/2 方向閥，自動控制作連續往復運動。

動作說明：

缸桿碰觸極限開關A0，A＋電磁頭激磁，1.1閥切換左位，雙動缸缸桿前進；缸桿碰觸極限開關A1，A－電磁頭激磁，1.1閥切換右位，雙動缸缸桿後退。正確迴路請參見圖 5.6。

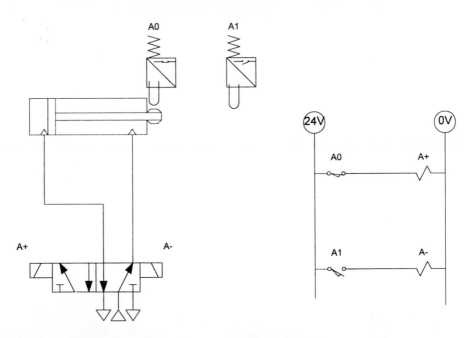

圖 5.6　一個雙動缸自動控制雙電磁閥電氣迴路作連續往復運動

本迴路係連續運動，實用時若遇到緊急狀況，需改良如下例：

7. 一個雙動缸使用雙電磁頭 5/2 方向閥，自動控制作連續往復運動；附加緊急停止(emergency stop)功能和雙動缸復歸(Home)功能。

　動作說明：

　　使用繼電器CR1的自我保持電路，做為系統啓動的狀態記憶；手按 START 鈕，CR1激磁並自我保持，控制電路形成通路，系統啓動；手按 E. STOP 鈕，CR1消磁並解除自保，控制電路形成斷路，同時缸桿復歸。缸桿碰觸極限開關A0，A＋電磁頭激磁，雙動缸缸桿前進；缸桿碰觸極限開關A1，A－電磁頭激磁，雙動缸缸桿後退。正確迴路請參見圖5.7。

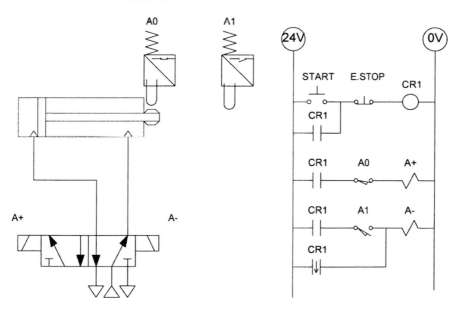

圖5.7　一個雙動缸自動控制雙電磁閥電氣迴路作連續往復運動附加緊急停止和雙動缸復歸功能

　　若將手動控制作單次往復運動及自動控制作連續往復運動合併，其正確迴路請參見圖5.8。

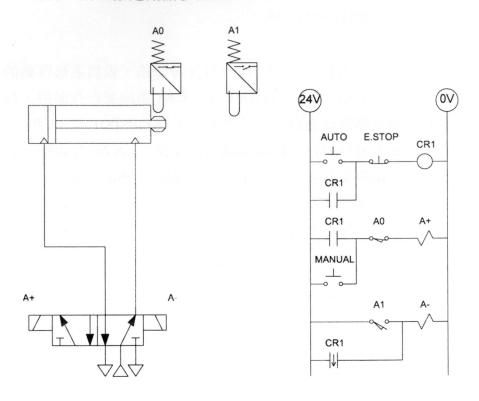

圖 5.8 一個雙動缸合併手動控制作單次往復運動及自動控制作連續
　　　　往復運動即合併圖 5.2 及圖 5.7

8. 一個雙動缸使用雙電磁頭 5/3 方向閥，手動控制作前進後退運動。

動作說明：

　　手按 PB1 鈕，CR1 激磁並自我保持，A ＋電磁頭激磁，雙動缸缸桿前進；缸桿碰觸極限開關A1，CR1消磁

並解除自保，A＋電磁頭消磁；手按 PB2 鈕，CR2 激磁
並自我保持，A－電磁頭激磁，雙動缸缸桿後退，缸桿碰
觸極限開關A0，CR2消磁並解除自保，A－電磁頭消磁。
正確迴路請參見圖 5.9。

　　特別注意：當CR1激磁同時將強迫CR2消磁；同樣
地，當CR2激磁同時將強迫CR1強迫消磁，此種迴路稱
為互鎖(Interlock)或互斥電路，廣泛應用於機電控制。
若改成手動控制作單次往復運動，正確迴路請參見圖5.10。

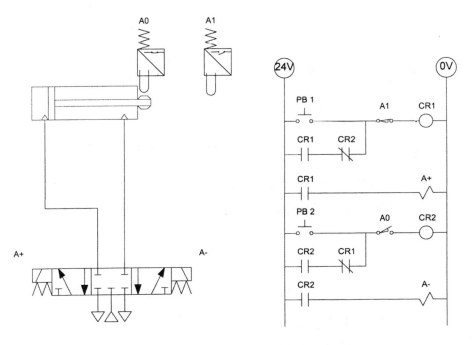

圖 5.9　一個雙動缸使用雙電磁頭 5/3 方向閥，手動控制作前進後退運動

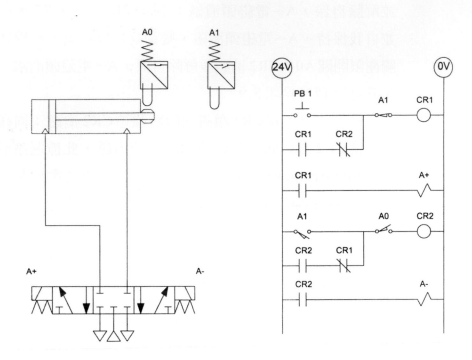

圖 5.10　一個雙動缸使用雙電磁頭 5/3 方向閥，手動控制作單次往復運動 A＋A－

9.　一個雙動缸使用雙電磁頭 5/3 方向閥，自動控制作連續
　　往復運動；附加緊急停止(emergency stop)功能。

　　動作說明：

　　　　使用繼電器CR1的自我保持電路，做為系統啓動的
　　狀態記憶；使用繼電器 CR2 的自我保持電路，做為 5/3
　　方向閥的狀態記憶。

　　　　手按 START 鈕，CR1 激磁並自我保持，控制電路
　　形成通路，系統啓動；手按 E. STOP鈕，CR1 消磁並解
　　除自保，控制電路形成斷路，系統停止。

系統啓動時，缸桿碰觸極限開關A0，CR2消磁並解除自保，A＋電磁頭激磁，雙動缸缸桿前進；缸桿碰觸極限開關A1，CR2激磁並自我保持，A−電磁頭激磁，雙動缸缸桿後退。正確迴路請參見圖5.11。

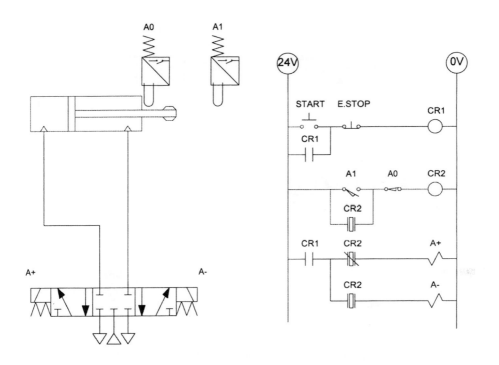

圖 5.11　一個雙動缸使用雙電磁頭5/3方向閥，自動控制作連續往復運動附加緊急停止功能

一般在液壓缸控制會使用雙電磁頭 4/3 方向閥，其用法及控制電路均與 5/3 方向閥完全一樣，只差排油接口剩一個，可以減少部份接管，正確迴路請參見圖 5.12。

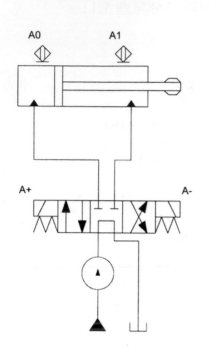
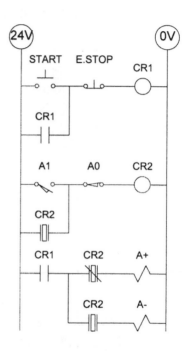

圖 5.12　一個雙動液壓缸使用雙電磁頭 4/3 方向閥，自動控制作連續往復運動附加緊急停止功能

10.　一個雙動缸使用雙電磁頭 5/2 方向閥，手動控制前進、延時後退運動。(計時器的使用法)

動作說明：

手按 PB1 鈕，A＋電磁頭激磁，1.1 閥切換左位，雙動缸缸桿前進；缸桿碰觸極限開關 A1，T1 計時器線圈

激磁，開始計秒；計秒到達設定秒數，延時作動型T1 接點(NO type)切換成通路，A－電磁頭激磁，1.1閥切換右位，雙動缸缸桿後退。正確迴路請參見圖5.13。

　　同樣的動作，可以改用延時復歸型b接點(NC type)，正確迴路請參見圖5.14。圖5.14 的迴路比較複雜，一般均使用圖5.13 的方法較簡便。

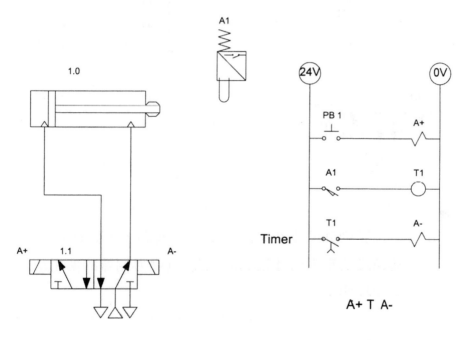

圖 5.13　一個雙動缸使用計時器，手動控制前進、延時後退運動(一)

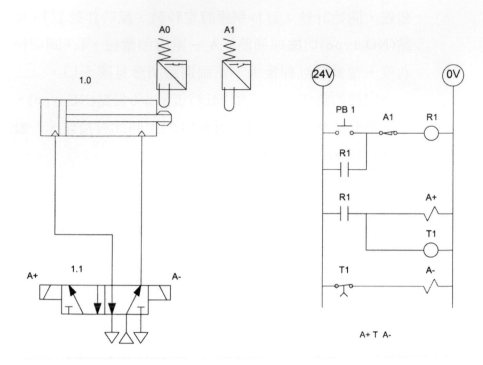

圖 5.14　一個雙動缸使用計時器，手動控制前進、延時後退運動(二)

11. 一個雙動缸使用雙電磁頭 5/2 方向閥，手動控制前進、
　達到設定壓力時才後退的運動。(壓力開關的使用法)
　動作說明：

　　　手按PB1鈕，A＋電磁頭激磁，1.1閥切換左位，雙
　動缸缸桿前進；缸活塞前進到缸右端盡頭，缸內壓力立
　即上升，當缸內壓力達到壓力開關的設定壓力時，壓力
　開關a接點瞬間接通，A－電磁頭激磁，1.1閥切換右位，
　雙動缸缸桿後退。正確迴路請參見圖 5.15。

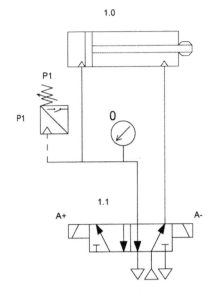

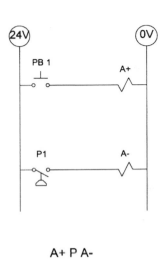

圖 5.15　一個雙動缸使用壓力開關，手動控制前進、達到設定壓力時才後退

12. 一個雙動缸使用雙電磁頭 5/2 方向閥，作連續往復運動、達到設定次數時才停止。(計數器的使用法)

動作說明：

　　手按 RESET 鈕，重置計數器；手按 START 鈕，R1 繼電器線圈激磁並自保，系統啟動，手按 E.STOP 鈕，R1 繼電器線圈消磁，系統緊急停止。

　　系統啟動時，A＋電磁頭激磁，1.1 閥切換左位，雙動缸缸桿前進；缸桿碰觸極限開關 A1，計數器計數累加一，同時，A－電磁頭激磁，1.1 閥切換右位，雙動缸缸桿後退。

　　當累計次數達到設定次數時，本例設定次數爲 3，
計數器立即輸出信號，R10 繼電器線圈激磁，R1 繼電器
線圈消磁，系統停止。正確迴路請參見圖 5.16。

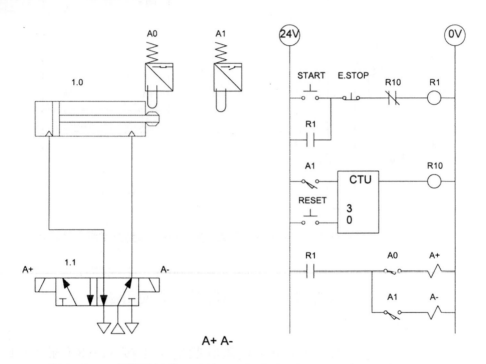

圖 5.16　一個雙動缸使用計數器，作連續往復運動、達到設定次數時才停止

13.　一個眞空發生器搭配眞空吸盤使用單電磁頭彈簧回復 3/2 方向閥，手動控制作動。

動作說明：

　　使用繼電器R1的自我保持電路，做爲狀態記憶；手按PB1鈕，R1激磁並自我保持，A＋電磁頭激磁，1.1閥切換左位，眞空發生器及眞空吸盤作動；手按PB2鈕，R1消磁並解除自保，A＋電磁頭消磁，1.1閥回復右位，眞空發生器及眞空吸盤復歸。正確迴路請參見圖 5.17，並請與圖 5.5 作一比較。

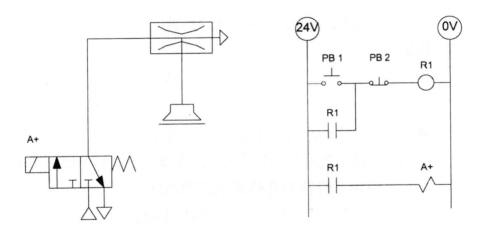

圖 5.17　一個真空發生器搭配真空吸盤使用單電磁頭彈簧回復 3/2 方向閥控制

● 第五章　重點複習(review)

5.1

1.　按鈕開關的使用方式及元件符號

2.　極限開關的使用方式及元件符號

3.　繼電器的使用方式及元件符號

4.　自我保持迴路的使用

5.　計數器的使用方式及元件符號

6.　計時器的使用方式及元件符號

7.　壓力開關的使用方式及元件符號

8.　電磁閥及電磁線圈的元件符號

5.2

9.　一個雙動缸使用雙電磁頭5/2閥的電氣順序控制迴路

10.　一個雙動缸使用單電磁頭5/2閥的電氣順序控制迴路

11.　一個單動缸使用單電磁頭3/2閥的電氣順序控制迴路

12.　一個雙動缸使用雙電磁頭5/3閥的電氣順序控制迴路

13.　使用計時器的延時電氣控制迴路

14.　使用壓力開關的電氣順序控制迴路

15.　使用計數器的計次電氣控制迴路

16.　一個真空發生器搭配真空吸盤使用單電磁頭 3/2 閥的控制迴路

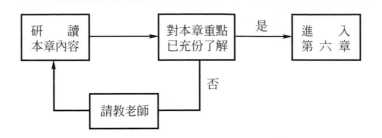

第**6**章

串級法電氣迴路

6.1 串級法電氣迴路設計

　　本法適用在有信號重疊之虞的順序控制迴路，即直覺法中可以免除需使用單向輥輪的困擾；使用時，迴路中元件使用英文字母命名。

　　本節介紹之迴路均使用雙電磁頭之換向閥。

迴路設計步驟

1. 將運動順序適當分級，並以最少級別爲佳，此乃串級法之特色及要求。切忌將同一方向控制閥的兩訊號輸入代號分在同一級別。

2. 依級別繪出分級電路。

3. 依氣液壓架構由上而下，繪出需用的氣液壓缸及控制閥並適當擺置。繪出氣液壓供能管路，連接各元件。

4. 氣液壓缸使用英文大寫字母命名，同時標示信號元件之信號感測位置。方向控制閥並標示訊號輸入代號，此處訊號輸入爲電磁式。

5. 依分級決定信號元件之擺置位置並使用英文字母標示。此處可使用邏輯方程式輔助控制電路的繪製。

6. 決定信號元件是否觸發，並完成控制電路。

7. 最後務必檢查及模擬，確認迴路符合運動順序之要求。

分級電路

　　分級電路乃串級法之特色，爲利用繼電器作爲級別狀態記憶器，常用的有二級、三級，二級使用一個級別狀態記憶器，三級使用二個級別狀態記憶器，級別爲 N 時，使用(N-1) 個級別狀態記憶器，因爲電路較管路簡易，且方便爾後導入 PLC、PC-based 程式編輯，級別稍多時亦不構成困擾。

　　常用的二級、三級、四級分級電路，請參見圖 6.1。

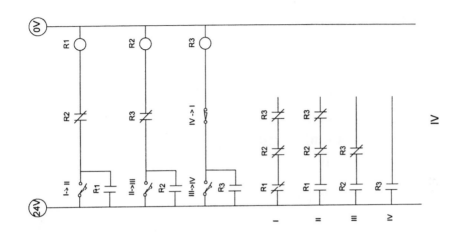

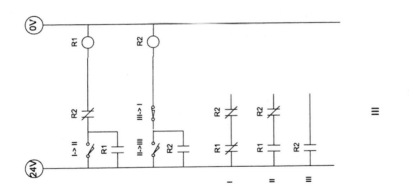

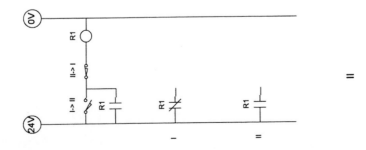

圖 6.1　串級法分級電路

◆ 實例一

　　二個雙動氣壓缸手動啓動、自動往復單次；運動順序爲
A＋B＋A－B－。

作法：

1. 將運動順序 A＋B＋A－B－適當分級，級別爲二級。

　　　　A＋B＋/A－B－　　二級
　　　　　I　　　　　II

2. 繪出二級分級電路。

3. 繪出二個雙動氣壓缸、二個 4/2 方向閥，並繪出供能管
路，連接各元件。

4. 元件命名，由左至右：
　　雙動氣壓缸：A、B；並標示信號感測開關位置
　　4/2 方向閥：只標示訊號輸入代號A＋、A－、B＋、B－

5.　元件START為啓動按鈕，是手動式按鈕；元件A_0、A_1、B_0、B_1為感測開關，需決定擺置位置，法則如下：

$$A + \qquad B + \qquad /\,A - \qquad B - \qquad /\,A +$$

$$\nearrow \quad \searrow \quad \nearrow \quad \searrow \quad \nearrow \quad \searrow \quad \nearrow \quad \searrow \quad \nearrow$$

$$\text{START} \qquad A_1 \qquad\quad B_1 \qquad\quad A_0 \qquad\quad B_0$$

(A＋端)　(B＋端)　(Ⅰ→Ⅱ端)　(B- 端)　(Ⅰ←Ⅱ端)

邏輯方程式：

$A += I \cdot \text{START}$　　　$A -= II$

$B += I \cdot A_1$　　　　　$B -= II \cdot A_0$

$I \to II = B_1$　　　　　$II \to I = B_0$

6.　經檢查元件 A_0、B_0有觸發，並完成控制電路。

7.　確認迴路符合運動順序之要求。

　　實例一的作法及正確迴路，請參見圖6.2。

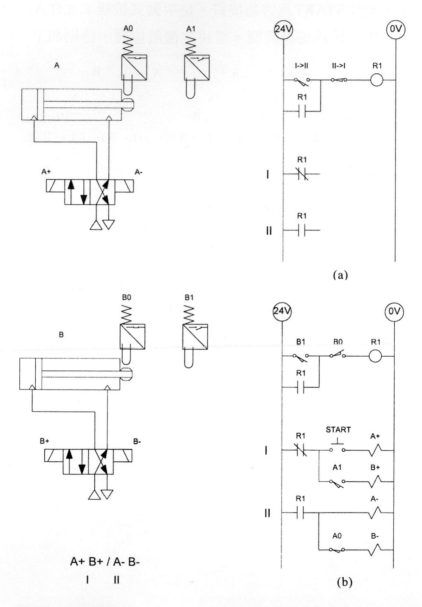

圖 6.2　二個雙動缸 A＋B＋/A－B－串級法電氣迴路控制作單次往復運動

　　本例 A＋B＋A－B－信號並無重疊，得不必使用串級法強制分級，若使用直覺法繪製，正確迴路請參見圖 6.3，控制電路更為簡單。

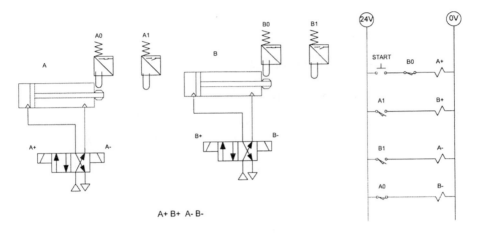

A＋B＋ A- B-

圖 6.3　二個雙動缸 A＋B＋A－B－直覺法電氣迴路控制作單次往復運動

◆ **實例二**

　　二個雙動氣壓缸手動啟動、自動往復單次；運動順序為
A＋B＋B－A－。

作法：

1. 將運動順序 A＋B＋B－A－適當分級，最少級別為二級。

　　　A＋B＋/B－A－　　二級
　　　　　I　　　　II

2. 繪出二級分級電路。

3. 繪出二個雙動氣壓缸、二個 4/2 方向閥，並繪出供能管

路，連接各元件。

4.　元件命名，由左至右：

　　雙動氣壓缸：A、B；並標示信號感測開關位置

　　4/2 方向閥：只標示訊號輸入代號 A＋、A－、B＋、B－

5.　元件 START 為啟動按鈕，是手動式按鈕；元件 A_0、A_1、B_0、B_1 為感測開關，需決定擺置位置，法則如下：

$$A+ \qquad B+ \qquad /\ B- \qquad A- \qquad /\ A+$$

$$\nearrow \quad \searrow \quad \nearrow \quad \searrow \quad \nearrow \quad \searrow \quad \nearrow \quad \searrow \quad \nearrow$$

$$\text{START} \qquad A_1 \qquad B_1 \qquad B_0 \qquad A_0$$

$$(A+端) \quad (B+端) \quad (\text{I}\rightarrow\text{II}端) \quad (B-端) \quad (\text{I}\leftarrow\text{II}端)$$

邏輯方程式：

$$A+ = \text{I} \cdot \text{START} \qquad B- = \text{II}$$

$$B+ = \text{I} \cdot A_1 \qquad A- = \text{II} \cdot B_0$$

$$\text{I}\rightarrow\text{II} = B_1 \qquad \text{II}\rightarrow\text{I} = A_0$$

6.　經檢查元件 A_0、B_0 有觸發，並完成控制電路。

7.　確認迴路符合運動順序之要求。

　　實例二的作法及正確迴路，請參見圖 6.4。

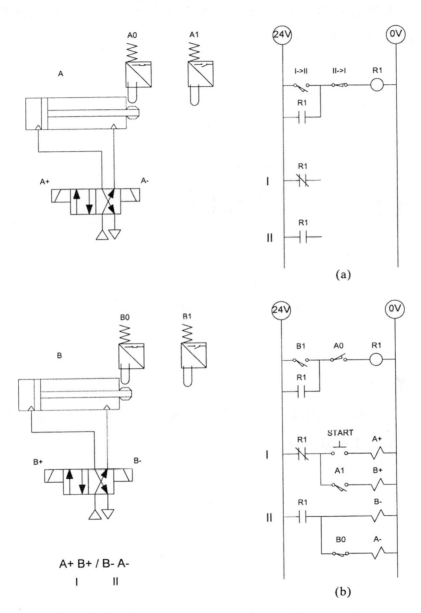

(a)

(b)

A+ B+ / B- A-
　I　　II

圖6.4　二個雙動缸 A ＋ B ＋/ B － A －串級法電氣迴路控制作單次往復運動

本例 A ＋ B ＋ B － A －信號有重疊，若使用直覺法繪製，迴路請參見圖6.5，控制電路將失敗，請讀者詳加思考。

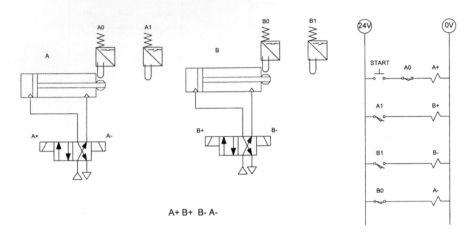

A＋ B＋ B－ A－

圖6.5 二個雙動缸 A ＋ B ＋ B － A －直覺法電氣迴路控制(無法正確作動)

◆ **實例三**

二個雙動氣壓缸手動啓動、自動往復單次；運動順序爲
A ＋ A － B ＋ B －。

作法：

1. 將運動順序 A ＋ A － B ＋ B －適當分級，最少級別爲二級。

       A ＋／A － B ＋／B －   二級
         I   II   I

2. 繪出二級分級電路。

3. 繪出二個雙動氣壓缸、二個 4/2 方向閥，並繪出供能管路，連接各元件。

4. 元件命名，由左至右：

   雙動氣壓缸：A、B；並標示信號感測開關位置

   4/2 方向閥：只標示訊號輸入代號 A＋、A－、B＋、B－

5. 元件 START 為啓動按鈕，是手動式按鈕；元件 A_0、A_1、B_0、B_1 為感測開關，需決定擺置位置，法則如下：

A＋	／A－	B＋	／B－	／A＋
↗　↘	↗　↘	↗　↘	↗　↘	↗
START	A_1	A_0	B_1	B_0
（A＋端）	（Ⅰ→Ⅱ端）	（B＋端）	（Ⅰ←Ⅱ端）	（A＋端）

   邏輯方程式：

   $B- = I$　　　　　　　　$A- = II$

   $A+ = I \cdot START \cdot B_0$　　$B+ = II \cdot A_0$

   $I \to II = A_1$　　　　　　$II \to I = B_1$

6. 經檢查元件 A_0、B_0 有觸發，並完成控制電路。

7. 確認迴路符合運動順序之要求。

   實例三的作法及正確迴路，請參見圖 6.6。

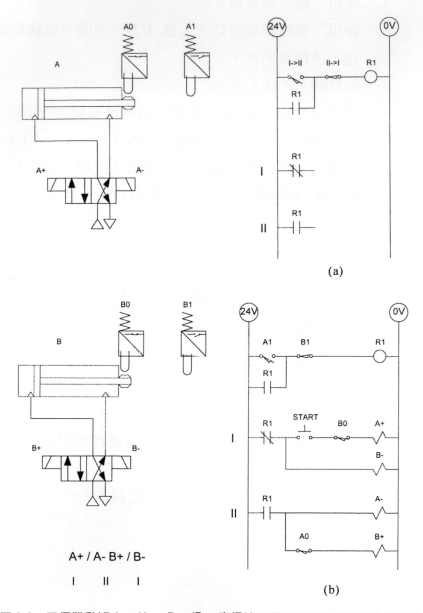

(a)

(b)

圖 6.6 二個雙動缸 A ＋/A － B ＋/B －串級法二級電氣控制作單次往復運動

　　本例A＋A－B＋B－信號有重疊，不能使用直覺法繪製，
若使用三級分級電路繪製時，迴路請參見圖6.7。

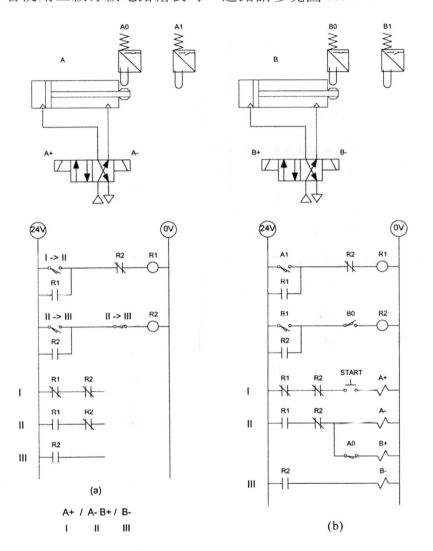

圖6.7　二個雙動缸 A ＋/A － B ＋/B －串級法三級電氣控制作單次往復運動

◆ 實例四

　　三個雙動氣壓缸手動啓動、自動往復單次；運動順序爲 A＋A－B＋C＋C－B－。

作法：

1. 將運動順序 A＋A－B＋C＋C－B－適當分級，級別爲三級。

　　　　A＋/A－B＋C＋/C－B－　三級
　　　　 I　　　II　　　　　III

2. 繪出三級分級電路。

3. 繪出三個雙動氣壓缸、三個 4/2 方向閥，並繪出供能管路，連接各元件。

4. 元件命名，由左至右：

　　雙動氣壓缸：A、B、C；並標示信號感測開關位置

　　4/2 方向閥：只標示訊號輸入代號 A＋、A－、B＋、
　　　　　　　　　B－、C＋、C－

5. 元件 START 爲啟動按鈕，是手動按鈕式 3/2 方向閥；元件 A_0、A_1、B_0、B_1、C_0、C_1 爲感測開關，需決定擺置位置，法則如下：

A +	/A −	B +	C +	/C −	B −	/A +
↗ ↘	↗ ↘	↗ ↘	↗ ↘	↗ ↘	↗ ↘	↗
START	A_1	A_0	B_1	C_1	C_0	B_0
(A ＋端)	(Ⅰ→Ⅱ端)	(B ＋端)	(C ＋端)	(Ⅱ→Ⅲ端)	(B −端)	(Ⅰ←Ⅲ端)

邏輯方程式：

A ＋ = Ⅰ · START	A − = Ⅱ	C − = Ⅲ
Ⅰ→Ⅱ = A_1	B ＋ = Ⅱ · A_0	B − = Ⅲ · C_0
	C ＋ = Ⅱ · B_1	Ⅲ→Ⅰ = B_0
	Ⅱ→Ⅲ = C_1	

6. 經檢查元件 A_0、B_0、C_0 有觸發，並完成控制電路。

7. 確認迴路符合運動順序之要求。

實例四的作法及正確迴路，請參見圖 6.8。

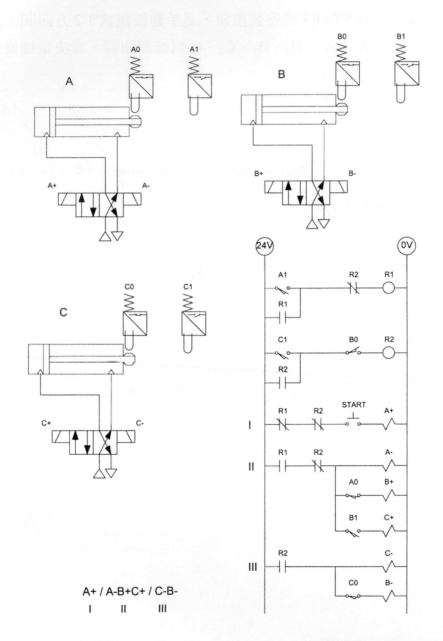

A+ / A-B+C+ / C-B-
　　Ⅰ　　Ⅱ　　　Ⅲ

圖6.8　三個雙動缸 A ＋/A － B ＋ C ＋/C － B －三級電氣控制作單次往復運動

　　本例 A ＋ A － B ＋ C ＋ C － B －，若使用二級分級電路繪製時，迴路請參見圖6.9。

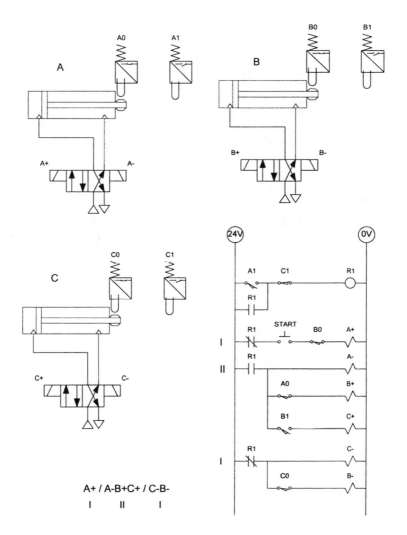

圖6.9　三個雙動缸 A ＋/A － B ＋ C ＋/C － B －二級電氣控制作單次往復運動

◆ 實例五

三個雙動氣壓缸手動啟動、自動往復單次；運動順序為
A＋B＋A－C＋C－B－。

作法：

1.　將運動順序 A＋B＋A－C＋C－B－適當分級，最少
級別為三級。

A＋B＋/A－C＋/C－B－　三級
　　Ⅰ　　　Ⅱ　　　　Ⅲ

2.　繪出三級分級電路。

3.　繪出三個雙動氣壓缸、三個 4/2 方向閥，並繪出供能管
路，連接各元件。

4.　元件命名，由左至右：

雙動氣壓缸：A、B、C；並標示信號感測開關位置

4/2 方向閥：只標示訊號輸入代號 A＋、A－、B＋、

B－、C＋、C－

5.　元件 START 為啓動按鈕，是手動按鈕式 3/2 方向閥；元件 A_0、A_1、B_0、B_1、C_0、C_1 為感測開關，需決定擺置位置，法則如下：

$$A+\quad B+\quad /A-\quad C+\quad /C-\quad B-\quad /A+$$

START　　A_1　　B_1　　A_0　　C_1　　C_0　　B_0

(A＋端) (B＋端) (Ⅰ→Ⅱ端) (C＋端) (Ⅱ→Ⅲ端) (B－端) (Ⅰ←Ⅲ端)

邏輯方程式：

$A+=$ Ⅰ $\cdot$ START	$A-=$ Ⅱ	$C-=$ Ⅲ
$B+=$ Ⅰ $\cdot$ A_1	$C+=$ Ⅱ $\cdot$ A_0	$B-=$ Ⅲ $\cdot$ C_0
Ⅰ→Ⅱ$=B_1$	Ⅱ→Ⅲ$=C_1$	Ⅲ→Ⅰ$=B_0$

6.　經檢查元件 A_0、B_0、C_0 有觸發，並完成控制電路。

7.　確認迴路符合運動順序之要求。

實例五的作法及正確迴路，請參見圖 6.10。

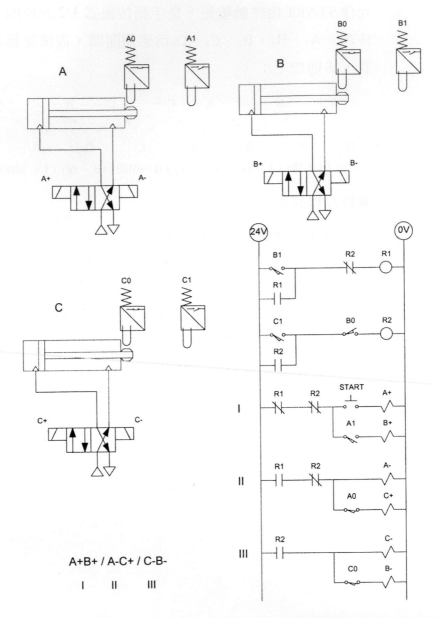

A+B+ / A-C+ / C-B-

I　　II　　III

圖6.10　三個雙動缸 A＋B＋/A－C＋/C－B－三級電氣控制作單次往復運動

◆實例六

　　三個雙動氣壓缸手動啟動、自動往復單次；運動順序為
A＋A－C＋B＋C－B－。

作法：

　1.　將運動順序 A＋A－C＋B＋C－B－適當分級，級別
　　　為三級。

　　　　　A＋/A－C＋B＋/C－B－　　三級
　　　　　　I　　　　II　　　　III

　2.　繪出三級分級電路。

　3.　繪出三個雙動氣壓缸、三個 4/2 方向閥，並繪出供能管
　　　路，連接各元件。

　4.　元件命名，由左至右：
　　　雙動氣壓缸：A、B、C；並標示信號感測開關位置
　　　4/2 方向閥：只標示訊號輸入代號 A＋、A－、B＋、
　　　　　　　　　　 B－、C＋、C－

5.　元件START為啟動按鈕，是手動按鈕式 3/2 方向閥；元件A_0、A_1、B_0、B_1、C_0、C_1為感測開關，需決定擺置位置，法則如下：

$$A+ \quad \diagup A- \quad C+ \quad B+ \quad \diagup C- \quad B- \quad \diagup A+$$

$$\nearrow \quad \searrow \quad \nearrow \quad \searrow \quad \nearrow \quad \searrow \quad \nearrow \quad \searrow \quad \nearrow \quad \searrow \quad \nearrow$$

START　　A_1　　A_0　　C_1　　B_1　　C_0　　B_0

（A＋端）（I→II端）（C＋端）（B＋端）（II→III端）（B－端）（I←III端）

邏輯方程式：

$$A+ = I \cdot START \qquad A- = II \qquad\qquad C- = III$$
$$I \rightarrow II = A_1 \qquad\qquad C+ = II \cdot A_0 \qquad B- = III \cdot C_0$$
$$\qquad\qquad\qquad\qquad B+ = II \cdot C_1 \qquad III \rightarrow I = B_0$$
$$\qquad\qquad\qquad\qquad II \rightarrow III = B_1$$

6.　經檢查元件 A_0、B_0、C_0有觸發，並完成控制電路。

7.　確認迴路符合運動順序之要求。

　　實例六的作法及正確迴路，請參見圖 6.11。

　　本例 A＋A－C＋B＋C－B－，若使用二級分級電路繪製時，正確迴路請參見圖 6.12。

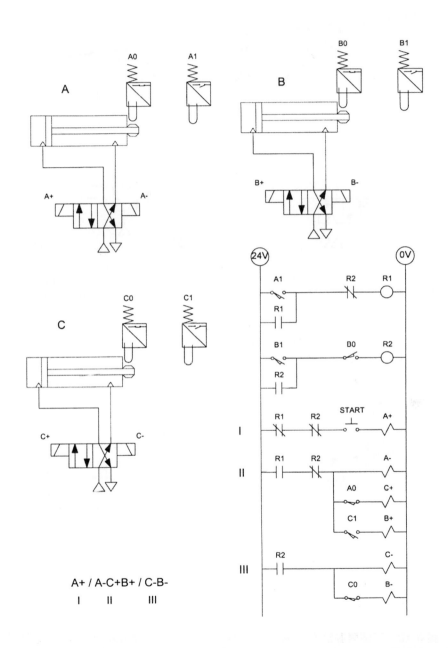

A+ / A-C+B+ / C-B-

　I　　　II　　　　III

圖 6.11　三個雙動缸 A＋/A－C＋B＋/C－B－三級電氣控制作單次往復運動

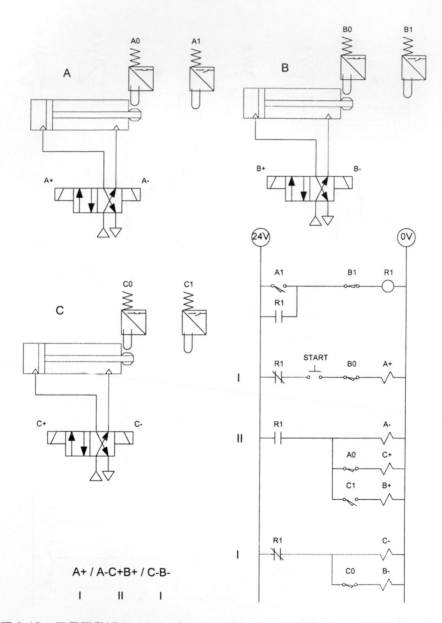

圖6.12 三個雙動缸 A ＋/A － C ＋ B ＋/C － B －二級電氣控制作單次往復運動

◆ 實例七

　　二個雙動氣壓缸手動啟動、自動往復單次；運動順序為
A＋B＋A－A＋B－A－。

作法：

1. 將運動順序 A＋B＋A－A＋B－A－適當分級，最少
　　級別為四級。

　　　A＋/B＋A－/A＋/B－A－　　四級
　　　　 I　　　 II　　　III　　　IV

2. 繪出四級分級電路。

3. 繪出二個雙動氣壓缸、二個 4/2 方向閥，並繪出供能管
　　路，連接各元件。

4. 元件命名，由左至右：
　　雙動氣壓缸：A、B；並標示信號感測開關位置
　　4/2 方向閥：只標示訊號輸入代號 A＋、A－、B＋、B－

5. 元件START為啓動按鈕，是手動式按鈕；元件A_0、A_1、B_0、B_1為感測開關，需決定擺置位置，法則如下：

$$A+ \quad /B+ \quad A- \quad /A+ \quad /B- \quad A- \quad /A+$$

$$\text{START} \qquad A_1 \qquad B_1 \qquad A_0 \qquad A_1 \qquad B_0 \qquad A_0$$

（A＋端）（Ⅰ→Ⅱ端）（A-端）（Ⅱ→Ⅲ端）（Ⅲ→Ⅳ端）（A－端）（Ⅰ←Ⅳ端）

對於有兩次作動的 A 氣缸，需要小心處理 A ＋與 A －的兩次信號，及區分 A_0 與 A_1 的兩次感測信號，因此將信號輸出先用繼電器暫存，並重新整理邏輯方程式如下：

$$A+=\text{I} \cdot \text{START} = \text{R101} \qquad A+=\text{III} = \text{R103}$$
$$\text{I}\rightarrow\text{II} = \text{I} \cdot A_1 = \text{R12} \qquad \text{III}\rightarrow\text{IV} = \text{III} \cdot A_1 = \text{R34}$$
$$B+=\text{II} \qquad\qquad\qquad B-=\text{IV}$$
$$A-=\text{II} \cdot B_1 = \text{R102} \qquad A-=\text{IV} \cdot B_0 = \text{R104}$$
$$\text{II}\rightarrow\text{III} = \text{II} \cdot A_0 = \text{R23} \qquad \text{IV}\rightarrow\text{I} = \text{IV} \cdot A_0 = \text{R41}$$
$$A+=\text{I} \cdot \text{START} +\text{III} = \text{R101} + \text{R103}$$
$$A-=\text{II} \cdot B_1 +\text{IV} \cdot B_0 = \text{R102} + \text{R104}$$

6. 經檢查元件 A_0、B_0有觸發，並完成控制電路。

7. 確認迴路符合運動順序之要求。

實例七的作法及正確迴路，請參見圖 6.13。

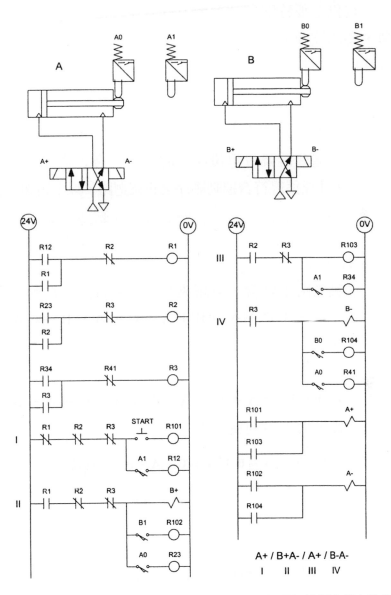

圖 6.13　二個雙動缸 A＋/B＋A−/A＋/B−A−四級電氣控制作單次往復運動

實例七要特別留意邏輯方程式中，因 A ＋、A －有重覆作動，感測開關A_1、A_0會產生兩次信號，務必確實區分A_1、A_0信號狀態，所以利用信號的級別不同來加以區別，即

$$\text{I} \rightarrow \text{II} = \text{I} \cdot A_1, \quad \text{II} \rightarrow \text{III} = \text{II} \cdot A_0,$$
$$\text{III} \rightarrow \text{IV} = \text{III} \cdot A_1, \quad \text{IV} \rightarrow \text{I} = \text{IV} \cdot A_0 。$$

凡是遇到信號會重覆產生的情形，務必確實區分信號狀態的不同，才能獲得符合運動順序之正確迴路，以下再舉一例說明。

◆

◆實例八

二軸氣壓手臂含一氣壓夾爪，手動啟動、自動往復單次；運動順序為 A ＋ C ＋ A － B ＋ A ＋ C － A － B －，A 為 Y 軸、B 為 X 軸、C 為夾爪。

作法：

1. 將運動順序 A ＋ C ＋ A － B ＋ A ＋ C － A － B －適當分級，最少級別為四級。

   $$\text{A} +/\text{C} + \text{A} - \text{B} +/\text{A} +/\text{C} - \text{A} - \text{B} - \quad \text{四級}$$
   $$\text{I} \qquad \text{II} \qquad \text{III} \qquad \text{IV}$$

2. 繪出四級分級電路。

3. 繪出三個雙動氣壓缸、三個 4/2 方向閥，並繪出供能管路，連接各元件。

4.　元件命名，由左至右：

　　雙動氣壓缸：A、B、C；並標示信號感測開關位置

　　4/2 方向閥：只標示訊號輸入代號 A ＋、A －、B ＋、

　　　　　　　　B －、C ＋、C －

5.　元件 START 為啟動按鈕，是手動按鈕式 3/2 方向閥；元
　　件 A_0、A_1、B_0、B_1、C_0、C_1 為感測開關，需決定擺置位
　　置，法則如下：

| A ＋ | ╱C ＋ | A － | B ＋ | ╱A ＋ | ╱C － | A － | B － | ╱A ＋ |

| START | A_1 | C_1 | A_0 | B_1 | A_1 | C_1 | A_0 | B_0 |

(A ＋端)(Ⅰ→Ⅱ端)(A-端)(B ＋端)(Ⅱ→Ⅲ端)(Ⅲ→Ⅳ端)(A －端)(B －端)(Ⅰ←Ⅳ端)

　　邏輯方程式：

$A ＋ = Ⅰ \cdot START$　　$C ＋ = Ⅱ$　　　$A ＋ = Ⅲ$　　　　$C － = Ⅳ$

$Ⅰ→Ⅱ = Ⅰ \cdot A_1$　　$A － = Ⅱ \cdot C_1$　　$Ⅲ→Ⅳ = Ⅲ \cdot A_1$　　$A － = Ⅳ \cdot C_0$

　　　　　　　　　$B ＋ = Ⅱ \cdot A_0$　　　　　　　　　$B － = Ⅳ \cdot A_0$

　　　　　　　　　$Ⅱ→Ⅲ = B_1$　　　　　　　　　　$Ⅳ→Ⅰ = B_0$

　　整理上列邏輯方程式：$A ＋ = Ⅰ \cdot START ＋ Ⅲ$

　　　　　　　　　　　　$A － = Ⅱ \cdot C_1 ＋ Ⅳ \cdot C_0$

　　特別注意的是：$Ⅰ→Ⅱ = Ⅰ \cdot A_1$，$Ⅲ→Ⅳ = Ⅲ \cdot A_1$

6.　經檢查元件 A_0、B_0、C_0 有觸發，並完成控制電路。

7.　確認迴路符合運動順序之要求。

　　實例八的作法及正確迴路，請參見圖 6.14。

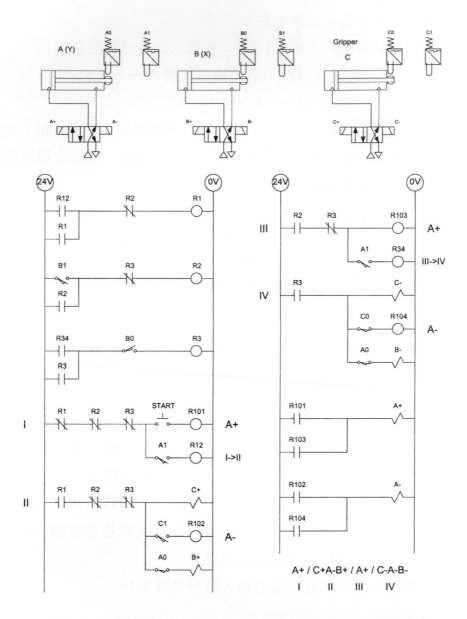

圖 6.14　三個雙動缸 A＋/C＋A－B＋/A＋/C－A－B－電氣控制
作單次往復運動

實例八若使用不同分級方式時，例如：

$$A + C + /A - B + /A + C - /A - B -　四級$$
$$\quad\text{I}\qquad\text{II}\qquad\quad\text{III}\qquad\quad\text{IV}$$

邏輯方程式：

$A + = \text{I} \cdot \text{START}$　$A - = \text{II}$　　　$A + = \text{III}$　　　$A - = \text{IV}$

$C + = \text{I} \cdot A_1$　　　$B + = \text{II} \cdot A_0$　$C - = \text{III} \cdot A_1$　$B - = \text{IV} \cdot A_0$

$\text{I} \rightarrow \text{II} = C_1$　　　$\text{II} \rightarrow \text{III} = B_1$　　$\text{III} \rightarrow \text{IV} = C_0$　$\text{IV} \rightarrow \text{I} = B_0$

整理上列邏輯方程式：$A + = \text{I} \cdot \text{START} + \text{III}$
$$A - = \text{II} + \text{IV}$$

正確迴路請參見圖 6.15。

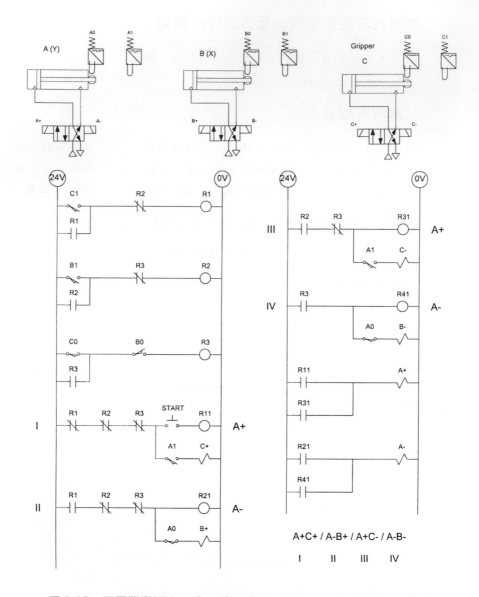

圖 6.15　三個雙動缸 A＋C＋/A－B＋/A＋C－/A－B－電氣控制
　　　　作單次往復運動

練習題(Homework)

使用串級法繪製符合下列運動順序的電氣迴路圖。

1.　A＋B－A－B＋

2.　A＋B＋C＋C－B－A－

3.　A＋A－B＋B－C＋C－

4.　A＋B＋C＋A－B－C－

5.　A＋B＋A－C＋B－C－

6.　A＋B＋C＋D＋A－B－C－D－

7.　A＋B＋C＋A－D＋B－D－C－

8.　A＋C＋B＋A－B－D＋D－C－

9.　A＋B＋C＋A－A＋A－C－B－

6.2　單電磁頭換向閥電氣迴路設計

設計氣液壓控制電路，除了使用雙電磁頭之換向閥外，為了與可程式控制器聯結時，因為控制器的輸出接點有限，控制電路使用單電磁頭之換向閥，便可使所需的輸出接點減半；如此，在大規模的氣液壓迴路中，便可適當減少可程式控制器的使用台數。

本節將介紹使用單電磁頭之換向閥的氣液壓控制電路。

單電磁頭之換向閥的標準控制電路如下：

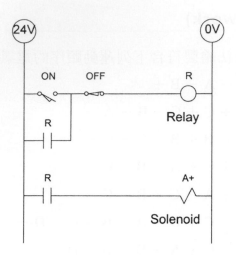

　　利用單電磁頭之換向閥的標準控制電路，再配合迴路設計法則，即可獲得正確的電氣迴路。

◆ 實例一

　　二個雙動氣壓缸手動啓動、自動往復單次，使用單電磁頭之換向閥；運動順序爲 A ＋ B ＋ A － B －。

作法：

1. 本運動順序 A ＋ B ＋ A － B －免分級。
2. 繪出二個雙動氣壓缸、二個 4/2 方向閥，並繪出供能管路，連接各元件。
3. 元件命名，由左至右：
   雙動氣壓缸：A、B；並標示信號感測開關位置
   4/2 單電磁閥：只標示訊號輸入代號 A ＋、B ＋

4. 元件 START 為啟動按鈕，是手動式按鈕；元件 A_0、A_1、B_0、B_1 為感測開關，需決定擺置位置，法則如下：

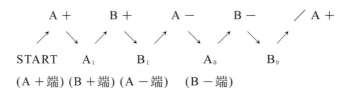

$$A += START\ (ON) \qquad A -= B_1\ (OFF)$$
$$B += A_1\ (ON) \qquad B -= A_0\ (OFF)$$

5. 繪出電路。

6. 經檢查元件 A_0、B_0 有觸發，並完成控制電路。

7. 確認迴路符合運動順序之要求。

　　實例一的作法及正確迴路，請參見圖 6.16，並與圖 6.3 作一比較。

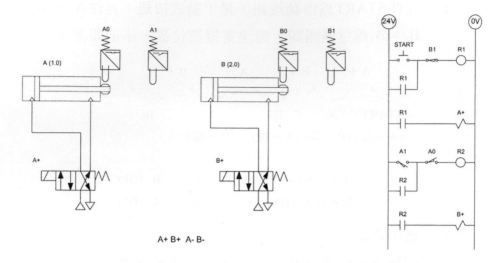

A+ B+ A- B-

圖 6.16　二個雙動缸 A＋B＋A－B－4/2 單電磁閥電氣控制作單次往復運動

◆ 實例二

　　二個雙動氣壓缸手動啓動、自動往復單次，使用單電磁頭之換向閥；運動順序爲 A＋B＋B－A－。

作法：

   1.　將運動順序 A＋B＋B－A－適當分級，最少級別爲二級。

      A＋B＋/B－A－　二級
        I　　　　II

   2.　繪出二級分級電路。

3. 繪出二個雙動氣壓缸、二個 4/2 方向閥，並繪出供能管路，連接各元件。

4. 元件命名，由左至右：

雙動氣壓缸：A、B；並標示信號感測開關位置

4/2 單電磁閥：只標示訊號輸入代號 A＋、B＋

5. 元件START為啓動按鈕，是手動式按鈕；元件A_0、A_1、B_0、B_1為感測開關，需決定擺置位置，法則如下：

$$A+ \qquad B+ \qquad /\ B- \qquad A- \qquad /\ A+$$

$$\nearrow \quad \searrow \quad \nearrow \quad \searrow \quad \nearrow \quad \searrow \quad \nearrow \quad \searrow \quad \nearrow$$

$$\text{START} \qquad A_1 \qquad B_1 \qquad B_0 \qquad A_0$$

（A＋端）　（B＋端）　（Ⅰ→Ⅱ端）　（B－端）　（Ⅰ←Ⅱ端）

邏輯方程式：

$A+= \text{Ⅰ} \cdot \text{START}$ 　　　　$B-= \text{Ⅱ}$

$B+= \text{Ⅰ} \cdot A_1$ 　　　　　　$A-= \text{Ⅱ} \cdot B_0$

$\text{Ⅰ}→\text{Ⅱ}=B_1$ 　　　　　　$\text{Ⅱ}→\text{Ⅰ}=A_0$

整理後：

$A+= \text{Ⅰ} \cdot \text{START (ON)}$ 　　$A-= \text{Ⅱ} \cdot B_0 \text{ (OFF)}$

$B+= \text{Ⅰ} \cdot A_1 \text{ (ON)}$ 　　　$B-= \text{Ⅱ} \text{ (OFF)}$

6. 經檢查元件 A_0、B_0 有觸發，並完成控制電路。

7. 確認迴路符合運動順序之要求。

　實例二的作法及正確迴路，請參見圖 6.17，並與圖 6.4 作一比較。

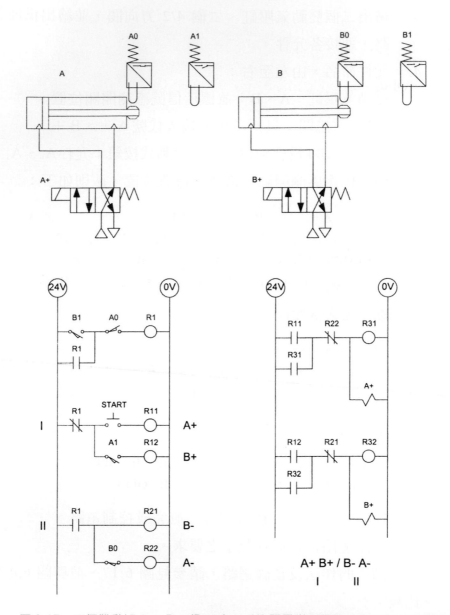

圖 6.17　二個雙動缸 A ＋ B ＋/B － A － 4/2 單電磁閥電氣控制作單次往復運動

◆ **實例三**

　　三個雙動氣壓缸手動啟動、自動往復單次,使用單電磁頭之換向閥;運動順序為 A ＋ B ＋ A － C ＋ C － B － 。

作法:

1. 　將運動順序 A ＋ B ＋ A － C ＋ C － B － 適當分級,級別為三級。

　　　　　A ＋ B ＋/A － C ＋/C － B －　　三級
　　　　　　 I　　　　 II　　　　 III

2. 　繪出三級分級電路。

3. 　繪出三個雙動氣壓缸、三個 4/2 方向閥,並繪出供能管路,連接各元件。

4. 　元件命名,由左至右:

　　　雙動氣壓缸:A、B、C;並標示信號感測開關位置

　　　4/2 單電磁閥:只標示訊號輸入代號 A ＋、B ＋、C ＋

5. 元件START為啓動按鈕，是手動按鈕式 3/2 方向閥；元件A_0、A_1、B_0、B_1、C_0、C_1為感測開關，需決定擺置位置，法則如下：

$$A+ \quad B+ \quad /A- \quad C+ \quad /C- \quad B- \quad /A+$$

$$\nearrow \searrow \nearrow \searrow \nearrow \searrow \nearrow \searrow \nearrow \searrow \nearrow$$

START　　　A_1　　　B_1　　　A_0　　　C_1　　　C_0　　　B_0

（A＋端）（B＋端）（I→II 端）（C＋端）（II→III 端）（B－端）（I←III 端）

邏輯方程式：

$A+ = I \cdot START$	$A- = II$	$C- = III$
$B+ = I \cdot A_1$	$C+ = II \cdot A_0$	$B- = III \cdot C_0$
$I \to II = B_1$	$II \to III = C_1$	$III \to I = B_0$

整理後：

$A+ = I \cdot START$ (ON)	$A- = II$ (OFF)
$B+ = I \cdot A_1$ (ON)	$B- = III \cdot C_0$ (OFF)
$C+ = II \cdot A_0$ (ON)	$C- = III$ (OFF)

6. 經檢查元件 A_0、B_0、C_0有觸發，並完成控制電路。

7. 確認迴路符合運動順序之要求。

　　實例三的作法及正確迴路，請參見圖 6.18，並與圖 6.10 作一比較。

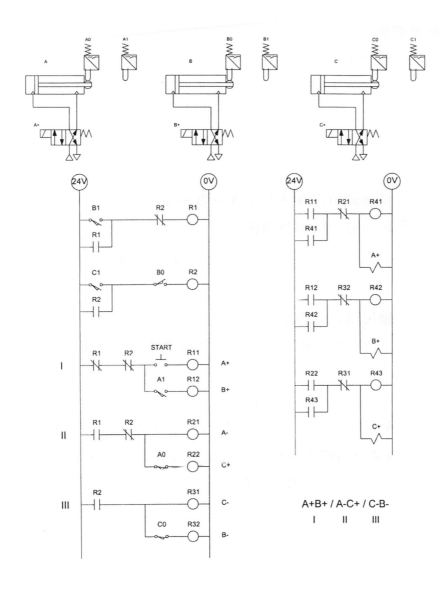

圖 6.18　三個雙動缸 A＋B＋/A－C＋/C－B－單電磁閥電氣控制
作單次往復運動

◆實例四

　　二軸氣壓手臂含一氣壓夾爪，手動啓動、自動往復單次；運動順序爲 A＋C＋A－B＋A＋C－A－B－，A 爲 Y 軸、B 爲 X 軸、C 爲氣壓夾爪；氣壓夾爪 C 使用單電磁頭之換向閥控制。

作法：

1. 將運動順序 A＋C＋A－B＋A＋C－A－B－適當分級，最少級別爲四級。

　　　A＋C＋/A－B＋/A＋C－/A－B－　　四級
　　　　 I 　　　 II 　　 III 　　　　IV

2. 繪出四級分級電路。

3. 繪出三個雙動氣壓缸、三個 4/2 方向閥，並繪出供能管路，連接各元件。

4. 元件命名，由左至右：
　　雙動氣壓缸：A、B、C；並標示信號感測開關位置
　　4/2 方向閥：只標示訊號輸入代號 A＋、A－、B＋、
　　　　　　　　　B－、C＋

5. 元件 START 為啓動按鈕，是手動按鈕式 3/2 方向閥；元件 A_0、A_1、B_0、B_1、C_0、C_1 為感測開關，需決定擺置位置，法則如下：

A +　C +　／A －　B +　／A +　C －　／A －　B －　／A +

START　　A₁　　C₁　　A₀　　B₁　　A₁　　C₁　　A₀　　B₀

(A +端) (C +端) (I →II端) (B +端)(II→III端) (C －端) (III→IV端)(B －端)(I ←IV端)

邏輯方程式：

$A += I \cdot START$　　$A -= II$　　　　$A += III$　　　$A -= IV$

$C += I \cdot A_1$　　　$B += II \cdot A_0$　　$C -= III \cdot A_1$　　$B -= IV \cdot A_0$

$I \to II = C_1$　　　$II \to III = B_1$　　$III \to IV = C_0$　　$IV \to I = B_0$

整理上列邏輯方程式：

$A += I \cdot START + III$　　　　$A -= II + IV$

$C += I \cdot A_1 (ON)$　　　　　$C -= III \cdot A_1 (OFF)$

6. 經檢查元件 A_0、B_0、C_0 有觸發，並完成控制電路。

7. 確認迴路符合運動順序之要求。

　　實例四的作法及正確迴路，請參見圖 6.19，並與圖 6.15 作一比較。

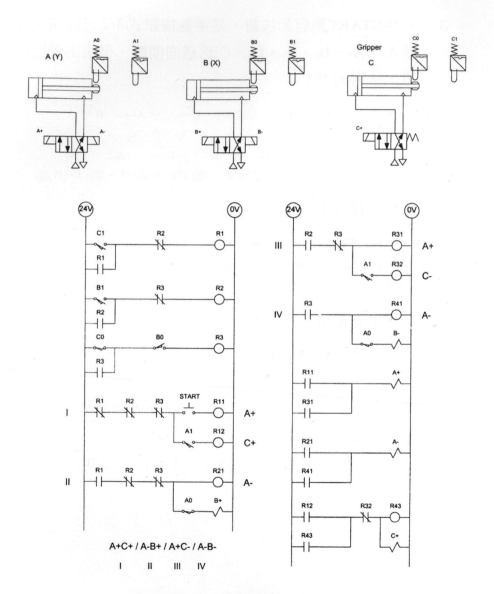

圖 6.19 二軸氣壓手臂含一氣壓夾爪 A ＋ C ＋/A － B ＋/A ＋ C －/A
－ B －電氣控制作單次往復運動

練習題(Homework)

使用單電磁頭之換向閥繪製符合下列運動順序的電氣迴路圖。

1.　A + B − A − B +

2.　A + B + C + C − B − A −

3.　A + A − B + B − C + C −

4.　A + B + C + A − B − C −

5.　A + B + A − C + B − C −

6.　A + B + C + D + A − B − C − D −

7.　A + B + C + A − D + B − D − C −

8.　A + C + B + A − B − D + D − C −

6.3　四口三位換向閥電氣迴路設計

　　設計液壓控制電路時，經常使用雙電磁頭之四口三位換向閥，作為液壓致動器定位鎖固之需求，四口三位換向閥的控制電路與使用單電磁頭之換向閥的控制電路，兩者控制電路有些許相似之處；本節將介紹使用雙電磁頭之四口三位換向閥的氣液壓控制電路。

◆ 實例一

　　二個雙動液壓缸手動啓動、自動往復單次，運動順序爲 A＋B＋A－B－；氣液壓迴路使用雙電磁頭之四口三位換向閥。

作法：

1. 本運動順序 A＋B＋A－B－免分級。

2. 繪出二個雙動液壓缸、二個 4/3 方向閥，並繪出供能管路，連接各元件。

3. 元件命名，由左至右：
   雙動液壓缸：A、B；並標示信號感測開關位置
   4/3 方向閥：只標示訊號輸入代號A＋、A－、B＋、B－

4. 元件START爲啓動按鈕，是手動式按鈕；元件A_0、A_1、B_0、B_1爲感測開關，需決定擺置位置，法則如下：

$$A+ \quad B+ \quad A- \quad B- \quad / \, A+$$
$$\nearrow \searrow \nearrow \searrow \nearrow \searrow \nearrow \searrow \nearrow$$

　　START　　A_1　　B_1　　A_0　　B_0
　(A＋端) (B＋端) (A－端) (B－端)

$A+(ON)= START$	$A+(OFF)= A_1$
$B+(ON)= A_1$	$B+(OFF)= B_1$
$A-(ON)= B_1$	$A-(OFF)= A_0$
$B-(ON)= A_0$	$B-(OFF)= B_0$

5. 繪出電路。

6. 經檢查元件 A_0、B_0有觸發，並完成控制電路。

7. 確認迴路符合運動順序之要求。

　　實例一的作法及正確迴路，請參見圖 6.20，並與圖 6.16 作一比較。

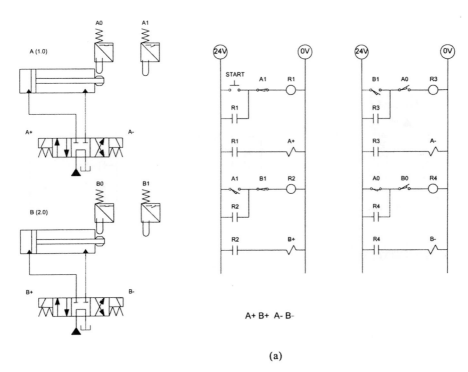

A+ B+ A- B-

(a)

圖 6.20　二個雙動缸 A ＋ B ＋ A － B － 4/3 雙電磁閥電氣控制作單次往復運動

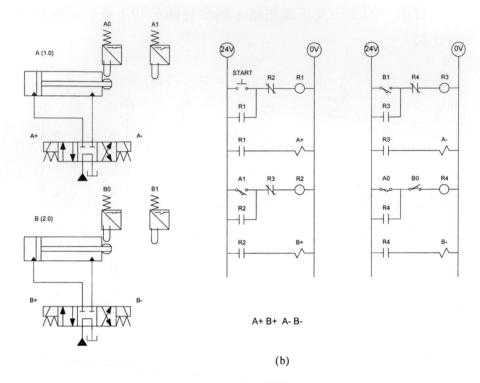

(b)

圖 6.20　二個雙動缸 A＋B＋A－B－ 4/3 雙電磁閥電氣控制作單次往復運動(續)

◆ **實例二**

　　二個雙動液壓缸手動啟動、自動往復單次，運動順序為 A＋B＋B－A－；氣液壓迴路使用雙電磁頭之四口三位換向閥。

作法：

1. 　將運動順序A＋B＋B－A－適當分級，最少級別為二級。

　　　A＋B＋/B－A－　　二級
　　　　I　　　II

2. 　繪出二級分級電路。

3. 　繪出二個雙動液壓缸、二個 4/3 方向閥，並繪出供能管路，連接各元件。

4. 　元件命名，由左至右：
　　　雙動液壓缸：A、B；並標示信號感測開關位置
　　　4/3方向閥：只標示訊號輸入代號A＋、A－、B＋、B－

5. 　元件START為啟動按鈕，是手動式按鈕；元件A_0、A_1、B_0、B_1為感測開關，需決定擺置位置，法則如下：

　　　　A＋　　　　B＋　　　／B－　　A－　　　／A＋
　　　↗　　↘　↗　　↘　↗　　↘　↗　　↘　↗
　　START　　　　A_1　　　　B_1　　　　B_0　　　A_0
　　（A＋端）（B＋端）（I→II端）（B－端）（I←II端）

邏輯方程式：

$A += I \cdot START$ $B -= II$

$B += I \cdot A_1$ $A -= II \cdot B_0$

$I \to II = B_1$ $II \to I = A_0$

整理後：

$A +(ON) = I \cdot START$ $A +(OFF) = I \cdot A_1$

$B +(ON) = I \cdot A_1$ $B +(OFF) = I \cdot B_1$

$B -(ON) = II$ $B -(OFF) = II \cdot B_0$

$A -(ON) = II \cdot B_0$ $A -(OFF) = II \cdot A_0$

6. 經檢查元件 A_0、B_0 有觸發，並完成控制電路。

7. 確認迴路符合運動順序之要求。

　　實例二的作法及正確迴路，請參見圖 6.21，並與圖 6.17 作一比較。

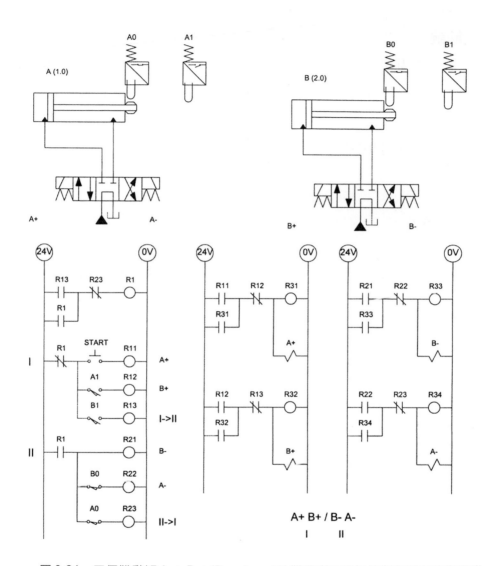

圖 6.21　二個雙動缸 A＋B＋/B－A－ 4/3 雙電磁閥電氣控制作單次往復運動

結論

使用單電磁頭方向閥或 4/3、5/3 電磁閥時，都需要運用到繼電器自保電路，以作為電磁頭線圈連續激磁的控制，如何正確的連續激磁及適時的消磁，正是能否妥善使用單電磁閥或 4/3、5/3 電磁閥的最大關鍵。

● 第六章　重點複習(review)

6.1

1.　串級法電氣迴路設計法則及設計步驟

2.　串級法標準分級電路(與第四章的分級管路作一比對)

3.　運動順序以最少級別適當分級的意義

4.　邏輯方程式的應用及感測開關的擺置位置如何決定

5.　串級法降一級電氣迴路的意義及用法

6.　各實例的作法及正確迴路的繪製

6.2

7.　單電磁頭之換向閥的標準控制電路

8.　邏輯方程式的整理及應用

9.　各實例的作法及正確迴路的繪製

6.3

10.　四口三位換向閥的控制電路

11.　正確的運用繼電器自保電路

12.　各實例的作法及正確迴路的繪製

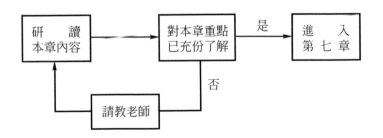

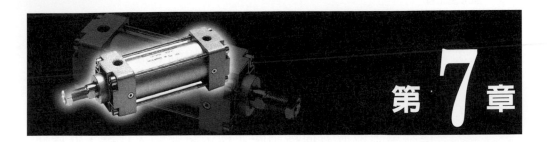

第7章

改良式串級法
電氣迴路

　　串級法如第六章所述，可以解決許多較簡單運動順序的迴路設計，如果遇到氣液壓缸重複作動之運動順序的迴路設計時，一般的串級法迴路設計將使迴路變得龐大且複雜，不當的分級甚至使迴路無法正確作動；本章介紹的改良式串級法將可快速處理更複雜的運動順序，設計出較簡單的迴路，改良式串級法將分級電路法則修改如下：

　　分級電路法則：

　　　　邏輯方程式

　　　　＝(前級預置×換級條件＋本級自保)×下級復歸

迴路設計步驟：

1. 將運動順序適當分級，切忌將同一方向控制閥的兩訊號輸入代號分在同一級別。

2. 依級別繪出分級電路；選用較少級別可使電路較簡單。

3. 依氣液壓架構由上而下，繪出需用的氣液壓缸及控制閥並適當擺置繪出氣液壓供能管路，連接各元件。

4. 氣液壓缸使用英文大寫字母命名，同時標示信號元件之信號感測位置方向控制閥並標示訊號輸入代號，此處訊號輸入為電磁式。

5. 依分級決定信號元件之擺置位置並使用英文字母標示，可使用邏輯方程式輔助之。

6. 決定信號元件是否觸發，並完成控制電路。

7. 最後務必檢查及模擬，確認迴路符合運動順序之要求。

本法適用於雙電磁換向閥之順序控制均可，尤以複雜的運動順序為佳，例如 A ＋ B ＋ C ＋ A － A ＋ A － A ＋ A － A ＋ A － C － B －。

正確的分級電氣迴路，請參見圖 7.1。

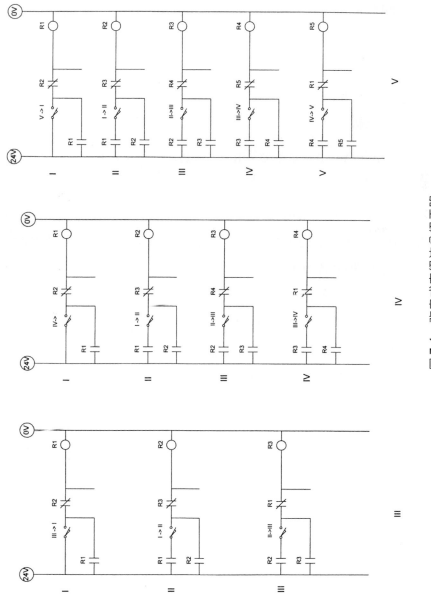

圖 7.1　改良式串級法分級電路

◆ 實例一

　　三個雙動氣壓缸手動啓動、自動往復單次；運動順序爲
A＋A－B＋C＋C－B－。

作法：

1. 將運動順序 A＋A－B＋C＋C－B－適當分級，級別
　 爲三級。

　　　　A＋/A－B＋C＋/C－B－　　三級
　　　　 I　　　　II　　　　　III

2. 繪出三級分級電路。

3. 繪出三個雙動氣壓缸、三個 4/2 方向閥，並繪出供能管
　 路，連接各元件。

4. 元件命名，由左至右：

　 雙動氣壓缸：A、B、C；並標示信號感測開關位置

　 4/2 方向閥：只標示訊號輸入代號 A＋、A－、B＋、

　　　　　　　　B－、C＋、C－

5.　元件 START 為啟動按鈕，是手動按鈕式 3/2 方向閥；元件 A_0、A_1、B_0、B_1、C_0、C_1 為感測開關，需決定擺置位置，法則如下：

$$A+ \quad \diagup A- \quad B+ \quad C+ \quad \diagup C- \quad B- \quad \diagup A+$$

$$\nearrow \quad \searrow \quad \nearrow \quad \searrow \quad \nearrow \quad \searrow \quad \nearrow \quad \searrow \quad \nearrow \quad \searrow \quad \nearrow$$

$$\text{START} \qquad A_1 \qquad A_0 \qquad B_1 \qquad C_1 \qquad C_0 \qquad B_0$$

(A＋端) (Ⅰ→Ⅱ端) (B＋端) (C＋端) (Ⅱ→Ⅲ端) (B－端) (Ⅰ←Ⅲ端)

邏輯方程式：

$$A+=\text{I} \cdot \text{START} \qquad A-=\text{II} \qquad C-=\text{III}$$
$$\text{I}\rightarrow\text{II}=A_1 \qquad\qquad B+=\text{II} \cdot A_0 \qquad B-=\text{III} \cdot C_0$$
$$\qquad\qquad\qquad\qquad C+=\text{II} \cdot B_1 \qquad \text{III}\rightarrow\text{I}=B_0$$
$$\qquad\qquad\qquad\qquad \text{II}\rightarrow\text{III}=C_1$$

6.　經檢查元件 A_0、B_0、C_0 有觸發，並完成控制電路。

7.　確認迴路符合運動順序之要求。

　　實例一的作法及正確迴路，請參見圖 7.2，並與圖 6.8 作一比較。

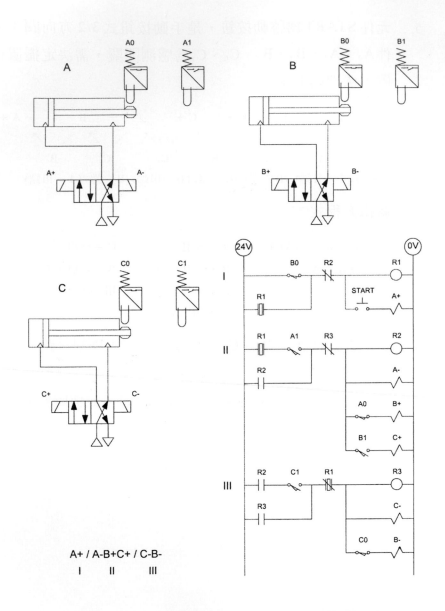

A+ / A-B+C+ / C-B-
　Ⅰ　　　Ⅱ　　　Ⅲ

圖7.2　三個雙動缸 A＋/A－B＋C＋/C－B三級電氣控制作單次往復運動

◆ **實例二**

　　三個雙動氣壓缸手動啓動、自動往復單次；運動順序爲
A ＋ B ＋ A － C ＋ C － B －。

作法：

　　1.　將運動順序 A ＋ B ＋ A － C ＋ C － B －適當分級，最少
　　　　級別爲三級。

　　　　　　A ＋ B ＋/A － C ＋/C － B －　　三級
　　　　　　　Ⅰ　　　　Ⅱ　　　　Ⅲ

　　2.　繪出三級分級電路。

　　3.　繪出三個雙動氣壓缸、三個 4/2 方向閥，並繪出供能管
　　　　路，連接各元件。

　　4.　元件命名，由左至右：
　　　　雙動氣壓缸：A、B、C；並標示信號感測開關位置
　　　　4/2 方向閥：只標示訊號輸入代號 A ＋、A －、B ＋、
　　　　　　　　　　B －、C ＋、C －

5. 元件 START 為啟動按鈕，是手動按鈕式 3/2 方向閥；元件 A_0、A_1、B_0、B_1、C_0、C_1 為感測開關，需決定擺置位置，法則如下：

$$A+ \quad B+ \quad /A- \quad C+ \quad /C- \quad B- \quad /A+$$

START $\quad$ A_1 $\quad$ B_1 $\quad$ A_0 $\quad$ C_1 $\quad$ C_0 $\quad$ B_0

(A＋端) (B＋端) ($\mathrm{I} \rightarrow \mathrm{II}$端) (C＋端) ($\mathrm{II} \rightarrow \mathrm{III}$端) (B－端) ($\mathrm{I} \leftarrow \mathrm{III}$端)

邏輯方程式：

$A+ = \mathrm{I} \cdot \text{START}$	$A- = \mathrm{II}$	$C- = \mathrm{III}$
$B+ = \mathrm{I} \cdot A_1$	$C+ = \mathrm{II} \cdot A_0$	$B- = \mathrm{III} \cdot C_0$
$\mathrm{I} \rightarrow \mathrm{II} = B_1$	$\mathrm{II} \rightarrow \mathrm{III} = C_1$	$\mathrm{III} \rightarrow \mathrm{I} = B_0$

6. 經檢查元件 A_0、B_0、C_0 有觸發，並完成控制電路。

7. 確認迴路符合運動順序之要求。

實例二的作法及正確迴路，請參見圖 7.3，並與圖 6.10 作一比較。

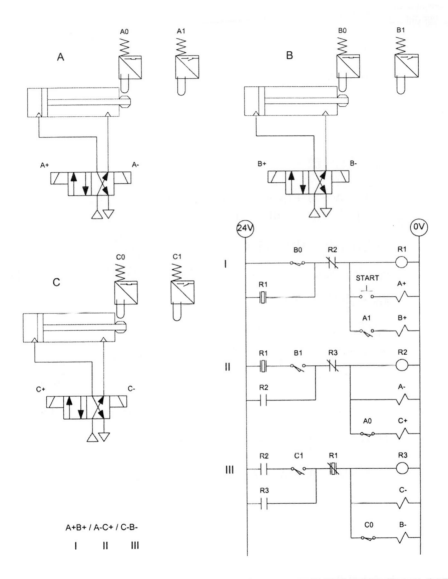

圖 7.3　三個雙動缸 A＋B＋/A－C＋/C－B－三級電氣控制作單次往復運動

◆ 實例三

二個雙動液壓缸手動啓動、自動往復單次；運動順序為
A＋A－B＋A＋A－B－，A為Y軸、B為X軸。

作法：

1. 將運動順序A＋A－B＋A＋A－B－適當分級，最少
    級別為四級。

    $$A+/A-B+/A+/A-B-\quad 四級$$
    $$\quad\text{I}\qquad\text{II}\qquad\text{III}\qquad\text{IV}$$

2. 繪出四級分級電路。

3. 繪出二個雙動液壓缸、二個 4/2 方向閥，並繪出供能管
    路，連接各元件。

4. 元件命名，由左至右：
    雙動液壓缸：A、B；並標示信號感測開關位置
    4/2方向閥：只標示訊號輸入代號A＋、A－、B＋、B－

5. 元件START為啓動按鈕，是手動按鈕式3/2方向閥；元
    件 A_0、A_1、B_0、B_1為感測開關，需決定擺置位置：

    $$A+/A-B+/A+/A-B-$$
    $$\quad\text{I}\qquad\text{II}\qquad\text{III}\qquad\text{IV}$$

    邏輯方程式：

$A+ = \text{I} \cdot \text{START}$	$A- = \text{II}$	$A+ = \text{III}$	$A- = \text{IV}$
$\text{I} \to \text{II} = A_1$	$B+ = \text{II} \cdot A_0$	$\text{III} \to \text{IV} = A_1$	$B- = \text{IV} \cdot A_0$
	$\text{II} \to \text{III} = B_1$		$\text{IV} \to \text{I} = B_0$

6. 經檢查元件 A_0、B_0有觸發，並完成控制電路。

7. 確認迴路符合運動順序之要求。

實例三的作法及正確迴路，請參見圖 7.4。

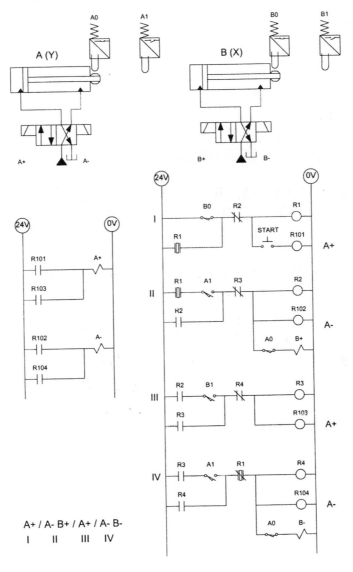

圖 7.4　二個雙動缸 A ＋/A － B ＋/A ＋/A － B － 四級電氣控制作單次往復運動

◆ **實例四**

　　三個雙動液壓缸手動啓動、自動往復單次；運動順序為
A＋C＋A－B＋A＋C－A－B－，A為Y軸、B為X軸、
C為夾爪。

作法：

1. 將運動順序A＋C＋A－B＋A＋C－A－B－適當分
級，最少級別為四級。

$$A＋C＋/A－B＋/A＋C－/A－B－　　四級$$
$$\quad I \qquad\quad II \qquad\quad III \qquad\quad IV$$

2. 繪出四級分級電路。

3. 繪出三個雙動液壓缸、三個 4/2 方向閥，並繪出供能管
路，連接各元件。

4. 元件命名，由左至右：
雙動液壓缸：A、B、C；並標示信號感測開關位置
4/2方向閥：只標示訊號輸入代號A＋、A－、B＋、
　　　　　　B－、C＋、C－

5.　元件START為啟動按鈕，是手動按鈕式3/2方向閥；元件A_0、A_1、B_0、B_1、C_0、C_1為感測開關，需決定擺置位置：

$$A + C + /A - B + /A + C - /A - B -$$
$$\quad\text{I}\qquad\quad\text{II}\qquad\qquad\text{III}\qquad\quad\text{IV}$$

邏輯方程式：

$A + = \text{I} \cdot \text{START}$	$A - = \text{II}$	$A + = \text{III}$	$A - = \text{IV}$
$C + = \text{I} \cdot A_1$	$B + = \text{II} \cdot A_0$	$C - = \text{III} \cdot A_1$	$B - = \text{IV} \cdot A_0$
$\text{I} \to \text{II} = C_1$	$\text{II} \to \text{III} = B_1$	$\text{III} \to \text{IV} = C_0$	$\text{IV} \to \text{I} = B_0$

6.　經檢查元件 A_0、B_0、C_0 有觸發，並完成控制電路。

7.　確認迴路符合運動順序之要求。

　　實例四的作法及正確迴路，請參見圖 7.5，並與圖 6.15 作一比較。

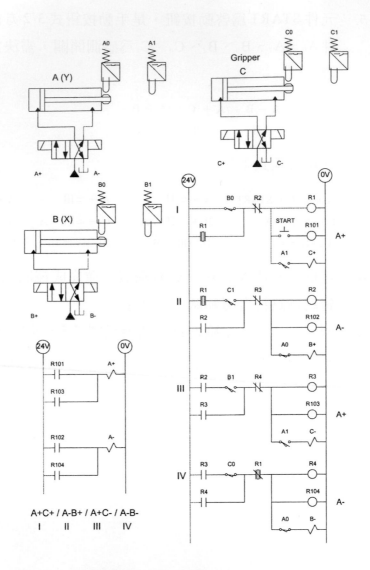

圖7.5　三個雙動缸 A + C +/A − B +/A + C −/A − B −
電氣控制作單次往復運動

◆ **實例五**

　　三個雙動液壓缸手動啟動、自動往復單次；運動順序為 A ＋ B ＋ C ＋ A － A ＋ A － C － T B － 。

作法：

1.　將運動順序 A ＋ B ＋ C ＋ A － A ＋ A － C － T B － 適當分級，最少級別為四級。

　　　　A ＋ B ＋ C ＋/A －/A ＋/A － C － T B －　　四級
　　　　　I　　　II　III　　　　IV

2.　繪出四級分級電路。

3.　繪出三個雙動液壓缸、三個 5/2 方向閥，並繪出供能管路，連接各元件。

4.　元件命名，出左至右：

　　雙動液壓缸：A、B、C；並標示信號感測開關位置

　　5/2 方向閥：只標示訊號輸入代號 A ＋、A －、B ＋、
　　　　　　　　　　　　B －、C ＋、C －

5. 元件START為啓動按鈕，是手動按鈕式3/2方向閥；元件A_0、A_1、B_0、B_1、C_0、C_1為感測開關，需決定擺置位置：

$$A + B + C + / A - / A + / A - C - T B -$$
$$\quad\quad I \quad\quad\quad II \quad III \quad\quad IV$$

邏輯方程式：

$A + = I \cdot START$	$A - = II$	$A - = IV$
$B + = I \cdot A_1$	$II \to III = A_0$	$C - = IV \cdot A_0$
$C + = I \cdot B_1$	$A + = III$	$T = IV \cdot C_0$
$I \to II = C_1$	$III \to IV = A_1$	$B - = IV \cdot T$
		$IV \to I = B_0$

6. 經檢查元件 A_0、B_0、C_0有觸發，並完成控制電路。

7. 確認迴路符合運動順序之要求。

實例五的作法及正確迴路，請參見圖7.6。

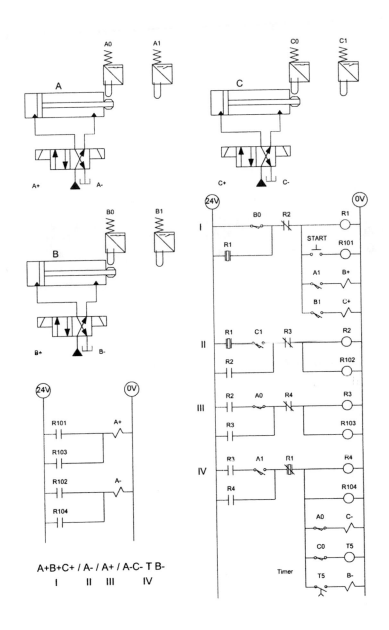

圖 7.6　三個雙動缸 A ＋ B ＋ C ＋/A －/A ＋/A － C － T B －
電氣控制作單次往復運動

　　讀者可試試運動順序為 A＋B＋C＋A－A＋A－A＋
A－A＋A－C－T B－　，參照圖 5.16 及圖 7.6，可得其正確
迴路，請參見圖 7.7。

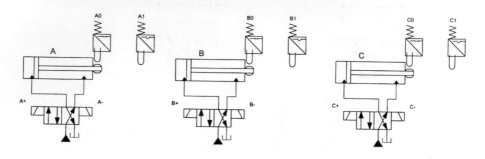

圖 7.7　三個雙動缸 A＋B＋C＋/A－A＋A－A＋A－A＋/A－C－T B－

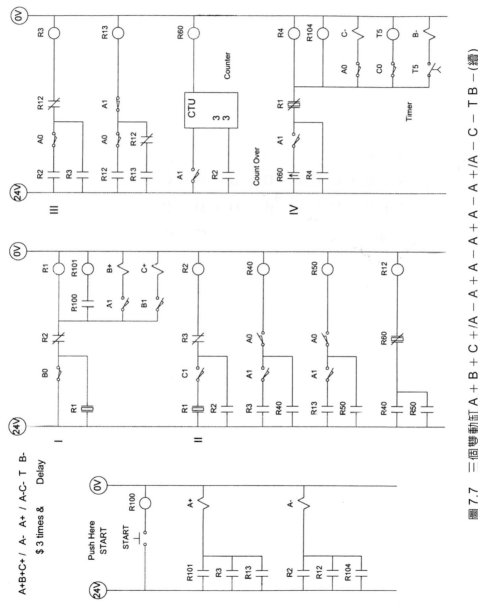

圖 7.7 三個雙動缸 A＋B＋C＋/A－A－A＋A－A＋/A－C－T B－（續）

練習題(Homework)

使用改良式串級法繪製符合下列運動順序的電氣迴路圖。

1. A + B + C + C − B − A −

2. A + A − B + B − C + C −

3. A + B + C + A − B − C −

4. A + B + A − C + B − C −

5. A + B + C + A − D + B − D − C −

6. A + C + B + A − B − D + D − C −

7. A + C + C − B + A − C + C − B −

8. A + B + C + C − C + C − A − B −

9. A + B + B − A − C + B + B − C −

● 第七章　重點複習(review)

1.　分級電路的邏輯方程式及分級電路

2.　電氣迴路的設計法則及步驟

3.　各實例的作法及正確迴路的繪製

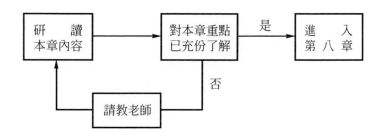

可程式控制器

電氣迴路如第六章、第七章所述，可以解決許多運動順序
的迴路設計，如果遇到複雜運動順序的迴路設計時，一般的電
氣迴路設計將變得龐大且複雜；本章介紹的可程式邏輯控制器
(Programmable Logic Controller，PLC)，又稱可程式控制器
(Programmable Controller，PC)，爲了與個人電腦(PC)區別，
可程式控制器均沿用PLC的簡稱，使用PLC的電氣迴路設計，
將可快速處理更複雜的運動順序迴路設計。

迴路設計步驟

1. 將運動順序依電氣迴路設計方法，繪出正確電氣迴路。
2. 將電氣迴路元件依控制器的暫存器代號及輸出入接點，
    列出代號對照表。
3. 將電氣迴路依據代號對照表，繪出正確階梯圖(ladder
    diagram)。
4. 可利用可程式控制器的階梯圖編譯軟體，將階梯圖轉換
    出指令程式。

5.   依據代號對照表的輸出入接點，完成硬體配線圖。

6.   可利用階梯圖編譯軟體，透過電腦及介面傳輸給可程式控制器，或將階梯圖轉換出的指令程式，透過書寫器鍵入可程式控制器。

7.   最後務必檢查及連線模擬，確認迴路符合運動順序之要求。

    不同廠牌的可程式控制器，具有不盡相同的暫存器代號及程式指令，亦即同一電氣迴路依據不同廠牌的代號對照表，將繪出不盡相同的階梯圖及不同的程式指令。

    本章使用永宏可程式控制器，請參見圖8.1及表8.1，可以直接利用可程式控制器所附的階梯圖編譯軟體，完成階梯圖繪製，並透過電腦及介面傳輸給可程式控制器，完成迴路設計，以下舉例詳述：

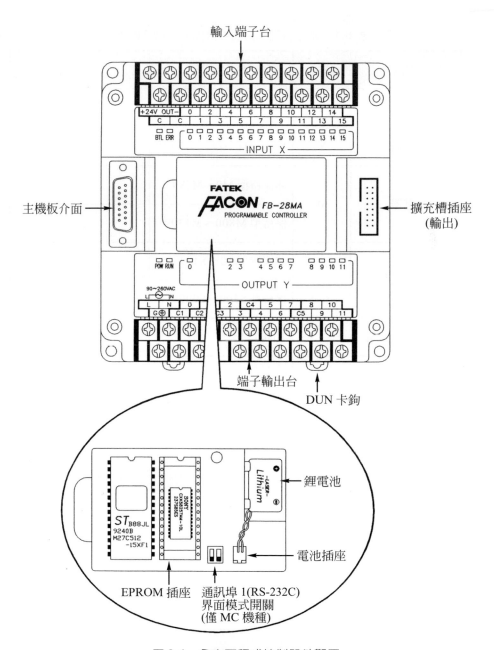

圖 8.1　永宏可程式控制器外觀圖

表 8.1　永宏可程式控制器接點及繼電器配置表

項目	簡稱	使用範圍	備註
輸入接點	X	X0～X15…擴充至X159	對應至外界的 I/O 接點
輸出繼電器	Y	Y0～Y11…擴充至Y159	
內部繼電器	M	非保持型 M0～M799	
		保持型 M800～M1399	
步進繼電器	S	非保持型 S0～S499	
		保持型 S500～S999	
計時器狀態接點	T	T0～T255	
計數器狀態接點	C	C0～C255	

◆ 實例一

二個雙動氣壓缸手動啓動、自動往復單次,使用 4/2 雙電磁閥控制;運動順序為 A ＋ B ＋ B － A －。

作法:

1. 將運動順序依電氣迴路設計方法,繪出正確電氣迴路。
2. 將電氣迴路元件依控制器的暫存器代號及輸出入接點,列出代號對照表。
3. 將電氣迴路依據代號對照表,繪出正確階梯圖(ladder diagram)。
4. 依據代號對照表的輸出入接點,完成硬體配線圖。
5. 利用階梯圖編譯軟體,透過電腦及介面傳輸給可程式控制器。
6. 最後務必檢查及連線模擬,確認迴路符合運動順序之要求。

實例一的正確電氣迴路,請參見圖 6.4。

正確配線圖請參見圖 8.2。

正確階梯圖請參見圖 8.3。

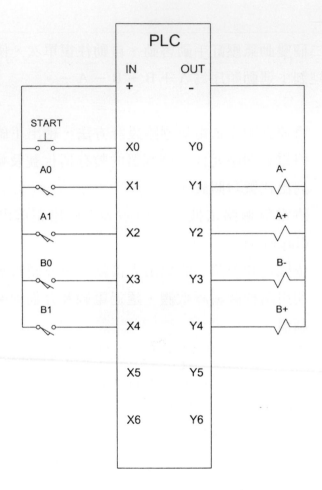

圖 8.2　PLC 配線圖

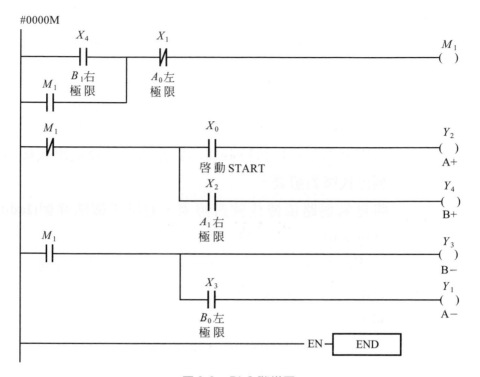

圖 8.3　PLC 階梯圖

◆實例二

二個雙動氣壓缸手動啓動、自動往復單次,使用 4/2 單電磁閥控制;運動順序爲 A + B + B − A −。

作法:

1.　將運動順序依電氣迴路設計方法,繪出正確電氣迴路。

2.　將電氣迴路元件依控制器的暫存器代號及輸出入接點,列出代號對照表。

3.　將電氣迴路依據代號對照表,繪出正確階梯圖(ladder diagram)。

4.　依據代號對照表的輸出入接點,完成硬體配線圖。

5.　利用階梯圖編譯軟體,透過電腦及介面傳輸給可程式控制器。

6.　最後務必檢查及連線模擬,確認迴路符合運動順序之要求。

實例二的正確電氣迴路,請參見圖 6.17。

正確配線圖請參見圖 8.4。

正確階梯圖請參見圖 8.5。

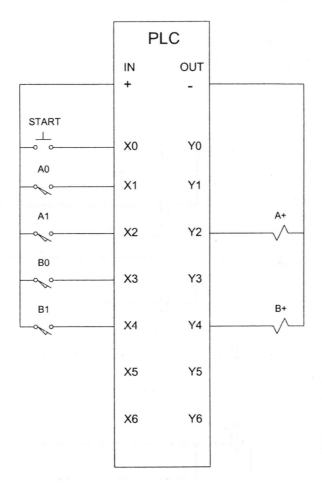

圖 8.4　PLC 配線圖

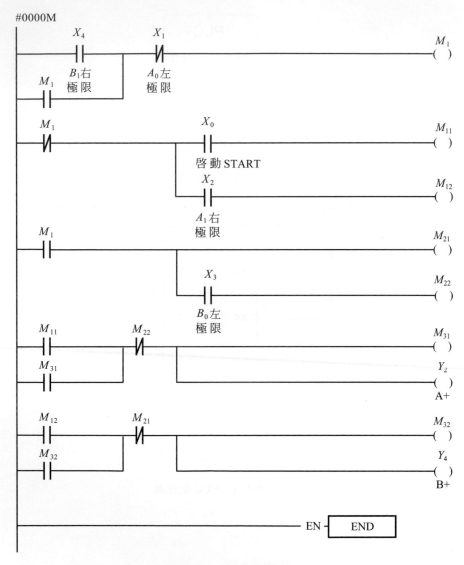

圖 8.5　PLC 階梯圖

◆實例三

　　三個雙動氣壓缸手動啓動、自動往復單次，使用 4/2 雙電磁閥控制；運動順序為 A＋B＋A－C＋C－B－。

作法：

1. 將運動順序依電氣迴路設計方法，繪出正確電氣迴路。
2. 將電氣迴路元件依控制器的暫存器代號及輸出入接點，列出代號對照表。
3. 將電氣迴路依據代號對照表，繪出正確階梯圖(ladder diagram)。
4. 依據代號對照表的輸出入接點，完成硬體配線圖。
5. 利用階梯圖編譯軟體，透過電腦及介面傳輸給可程式控制器。
6. 最後務必檢查及連線模擬，確認迴路符合運動順序之要求。

　　實例三的正確電氣迴路，請參見圖 6.10。

　　正確配線圖請參見圖 8.6。

　　正確階梯圖請參見圖 8.7。

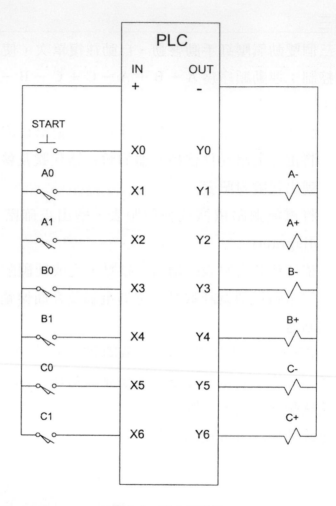

圖 8.6 PLC 配線圖

#0000M

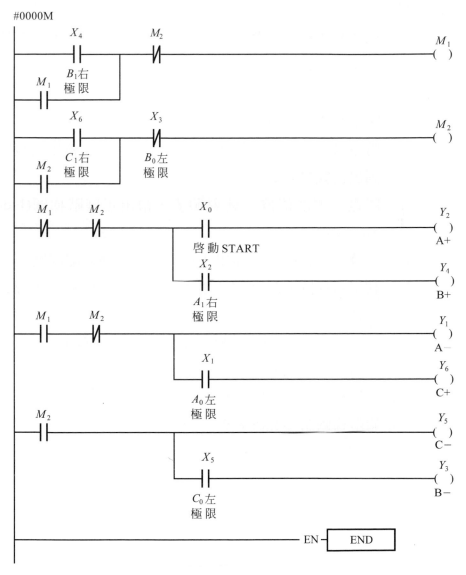

圖 8.7　PLC 階梯圖

◆ 實例四

三個雙動氣壓缸手動啟動、自動往復單次,使用 4/2 單電磁閥控制;運動順序為 A＋B＋A－C＋C－B－。

作法:

1. 將運動順序依電氣迴路設計方法,繪出正確電氣迴路。

2. 將電氣迴路元件依控制器的暫存器代號及輸出入接點,列出代號對照表。

3. 將電氣迴路依據代號對照表,繪出正確階梯圖(ladder diagram)。

4. 依據代號對照表的輸出入接點,完成硬體配線圖。

5. 利用階梯圖編譯軟體,透過電腦及介面傳輸給可程式控制器。

6. 最後務必檢查及連線模擬,確認迴路符合運動順序之要求。

實例四的正確電氣迴路,請參見圖 6.18。

正確配線圖請參見圖 8.8。

正確階梯圖請參見圖 8.9。

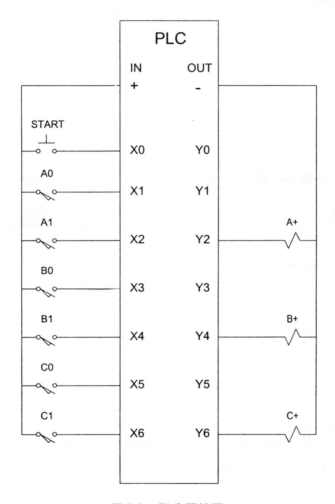

圖 8.8　PLC 配線圖

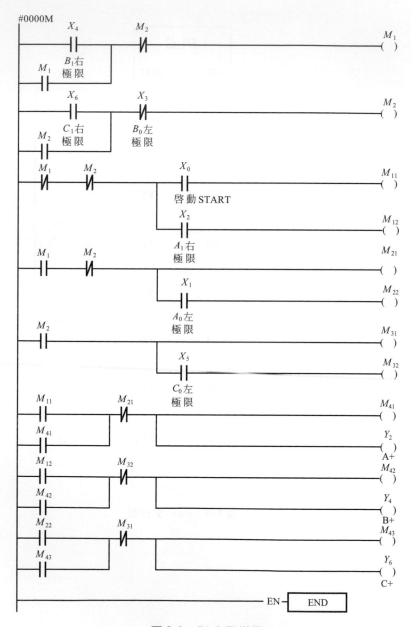

圖 8.9 PLC 階梯圖

◆實例五

　　三個雙動液壓缸手動啟動、自動往復單次；運動順序為 A
＋ B ＋ C ＋ A － A ＋ A － C － T B －，請參照圖 7.6，完成階
梯圖。

作法：

1. 　將運動順序依電氣迴路設計方法，繪出正確電氣迴路。

2. 　將電氣迴路元件依控制器的暫存器代號及輸出入接點，
　　　列出代號對照表。

3. 　將電氣迴路依據代號對照表，繪出正確階梯圖(ladder
　　　diagram)。

4. 　依據代號對照表的輸出入接點，完成硬體配線圖。

5. 　利用階梯圖編譯軟體，透過電腦及介面傳輸給可程式控
　　　制器。

6. 　最後務必檢查及連線模擬，確認迴路符合運動順序之要求。

　　　實例五的正確配線圖同圖 8.6。

　　　實例五的正確階梯圖，請參見圖 8.10。

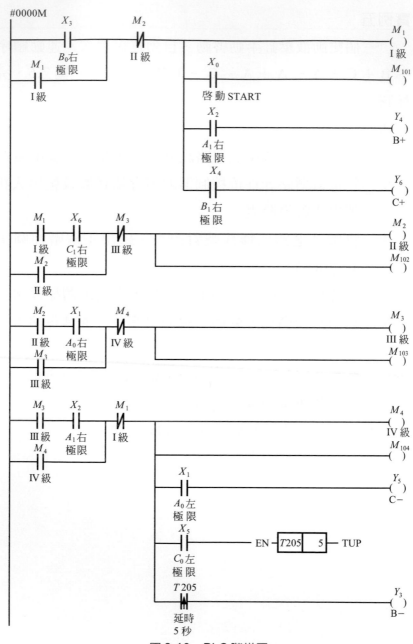

圖 8.10　PLC 階梯圖

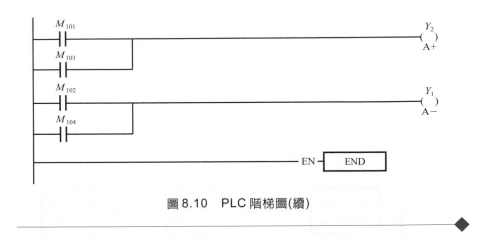

圖 8.10　PLC 階梯圖(續)

練習題(Homework)

　　繪製符合下列運動順序的階梯圖(ladder diagram)。

1.　A＋B＋C＋C－B－A－

2.　A＋A－B＋B－C＋C－

3.　A＋B＋C＋A－B－C－

4.　A＋B＋A－C＋B－C－

5.　A＋B＋C＋A－D＋B－D－C－

6.　A＋C＋B＋A－B－D＋D－C－

7.　A＋C＋C－B＋A－C＋C－B－

8.　A＋B＋C＋C－C＋C－A－B－

9.　A＋B＋B－A－C＋B＋B－C－

● 第八章　重點複習(review)

1. 可程式邏輯控制器(PLC)的架構

2. PLC的迴路設計步驟

3. 繪製正確的階梯圖

4. 繪製正確的硬體配線圖

5. 善用PLC階梯圖編譯軟體

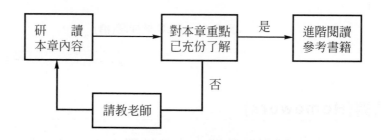

參考資料

1. "空油壓工業會訊"，「台灣區流體傳動工業同業公會」(TFPA)。

2. 孫葆詮編譯，"氣壓應用"，全華科技圖書股份有限公司。

3. 歐陽渭城編譯，"油壓基本原理及油壓迴路設計"，全華科技圖書股份有限公司。

4. 鄒珍鑑編譯，"油壓伺服控制技術"，全華科技圖書股份有限公司。

5. 「台灣區流體傳動工業同業公會」(TFPA) 會員廠商產品型錄。

   (1)   流體傳動工業同業公會   www.tfpa.org.tw
   (2)   台灣氣立股份有限公司   www.chelic.com
   (3)   飛斯妥股份有限公司   www.festo.com.tw
   (4)   東正鐵工廠股份有限公司   www.swanair.com.tw
   (5)   長拓空油壓股份有限公司   www.chanto.com.tw
   (6)   油順機械工廠股份有限公司   www.ashun.com
   (7)   台灣油壓工業股份有限公司   barry@yuken.com.tw
   (8)   北部精機股份有限公司   www.northman.com.tw

  (9) 金器工業股份有限公司   www.mindman.com.tw

  (10) 速睦喜股份有限公司   www.smc.com.tw

6. "Fundamentals of Pneumatic Control Engineering"，Pneumatic Text Book from FESTO。

7. 胡志中著，"液氣壓原理與迴路設計"，全華科技圖書股份有限公司。

8. 宓哲民等著，"機電整合─可程式控制原理與應用實務"，全華科技圖書股份有限公司。

9. "永宏可程式控制器操作手冊"，永宏電機股份有限公司。

10. 呂淮薰等著，"氣液壓學"，高立圖書股份有限公司。

11. 李武証等著，"氣液壓學"，高立圖書股份有限公司。

12. 陳靖著，"液氣壓學"，文京圖書股份有限公司。

13. TFPA 2000 台灣空油壓廠商總覽，「台灣區流體傳動工業同業公會」。

因應同業公會已向經濟部申請通過名稱修改，
原「台灣區空油壓機器工業同業公會」Taiwan Hydraulics & Pneumatics Association (THPA)
更名為「台灣區流體傳動工業同業公會 Taiwan Fluid Power Association (TFPA)，
更名後之同業公會網址：www.tfpa.org.tw

附錄

國家圖書館出版品預行編目資料

氣液壓工程 / 黃欽正編著. -- 三版. -- 新北市 :
　全華圖書, 2017.05
　　面 ；　公分
　ISBN 978-957-21-9745-5(平裝)

　1. 氣壓控制　2.液壓控制

448.919　　　　　　　　　　　　104000110

氣液壓工程(第三版)

作者 / 黃欽正

發行人 / 陳本源

執行編輯 / 葉家豪

出版者 / 全華圖書股份有限公司

郵政帳號 / 0100836-1 號

印刷者 / 宏懋打字印刷股份有限公司

圖書編號 / 0381702

三版二刷 / 2018 年 4 月

定價 / 新台幣 340 元

ISBN / 978-957-21-9745-5(平裝)

全華圖書 / www.chwa.com.tw

全華網路書店 Open Tech / www.opentech.com.tw

若您對書籍內容、排版印刷有任何問題，歡迎來信指導 book@chwa.com.tw

臺北總公司(北區營業處)
地址：23671 新北市土城區忠義路 21 號
電話：(02) 2262-5666
傳真：(02) 6637-3695、6637-3696

南區營業處
地址：80769 高雄市三民區應安街 12 號
電話：(07) 381-1377
傳真：(07) 862-5562

中區營業處
地址：40256 臺中市南區樹義一巷 26 號
電話：(04) 2261-8485
傳真：(04) 3600-9806

版權所有・翻印必究

歡迎加入 全華會員

● 會員獨享

會員享購書折扣、紅利積點、生日禮金、不定期優惠活動⋯⋯等。

● 如何加入會員

填妥讀者回函卡直接傳真 (02) 2262-0900 或寄回，將由專人協助登入會員資料，待收到 E-MAIL 通知後即可成為會員。

如何購買 全華書籍

1. 網路購書

全華網路書店「http://www.opentech.com.tw」，加入會員購書更便利，並享有紅利積點回饋等各式優惠。

2. 全華門市、全省書局

歡迎至全華門市（新北市土城區忠義路21號）或全省各大書局、連鎖書店選購。

3. 來電訂購

(1) 訂購專線：(02) 2262-5666 轉 321-324
(2) 傳真專線：(02) 6637-3696
(3) 郵局劃撥（帳號：0100836-1 戶名：全華圖書股份有限公司）
※ 購書未滿一千元者，酌收運費 70 元。

OpenTech 全華網路書店 .com.tw

全華網路書店 www.opentech.com.tw
E-mail: service@chwa.com.tw

※ 本會員制如有變更則以最新修訂制度為準，造成不便請見諒。

讀者回函卡

填寫日期： ____ / ____ / ____

姓名： _____ 生日：西元 _____ 年 ____ 月 ____ 日 性別：□男 □女

電話：( ) _____ 傳真：( ) _____ 手機： _____

e-mail：（必填）_____

註：數字零，請用 φ 表示，數字 1 與英文 L 請另註明並書寫端正，謝謝。

通訊處：□□□□□

學歷：□博士 □碩士 □大學 □專科 □高中・職

職業：□工程師 □教師 □學生 □軍・公 □其他

學校／公司：_____ 科系／部門：_____

・需求書類：

□A.電子 □B.電機 □C.計算機工程 □D.資訊 □E.機械 □F.汽車 □I.工管 □J.土木

□K.化工 □L.設計 □M.商管 □N.日文 □O.美容 □P.休閒 □Q.餐飲 □B.其他

・本次購買圖書為： _____ 書號： _____

・您對本書的評價：

封面設計：□非常滿意 □滿意 □尚可 □需改善，請說明 _____

內容表達：□非常滿意 □滿意 □尚可 □需改善，請說明 _____

版面編排：□非常滿意 □滿意 □尚可 □需改善，請說明 _____

印刷品質：□非常滿意 □滿意 □尚可 □需改善，請說明 _____

書籍定價：□非常滿意 □滿意 □尚可 □需改善，請說明 _____

整體評價：請說明 _____

・您在何處購買本書？

□書局 □網路書店 □書展 □團購 □其他

・您購買本書的原因？（可複選）

□個人需要 □公司採購 □親友推薦 □老師指定之課本 □其他

・您希望全華以何種方式提供出版訊息及特惠活動？

□電子報 □DM □廣告 (媒體名稱 _____)

・您是否上過全華網路書店？ (www.opentech.com.tw)

□是 □否 您的建議 _____

・您希望全華出版那方面書籍？ _____

・您希望全華加強那些服務？ _____

～感謝您提供寶貴意見，全華將秉持服務的熱忱，出版更多好書，以饗讀者。

全華網路書店 http://www.opentech.com.tw 客服信箱 service@chwa.com.tw

2011.03 修訂

親愛的讀者：

感謝您對全華圖書的支持與愛護，雖然我們很慎重的處理每一本書，但恐仍有疏漏之處，若您發現本書有任何錯誤，請填寫於勘誤表內寄回，我們將於再版時修正，您的批評與指教是我們進步的原動力，謝謝！

全華圖書 敬上

勘　誤　表

書　號		書　名	
頁　數	行　數	錯誤或不當之詞句	建議修改之詞句

我有話要說：(其它之批評與建議，如封面、編排、內容、印刷品質等⋯⋯)